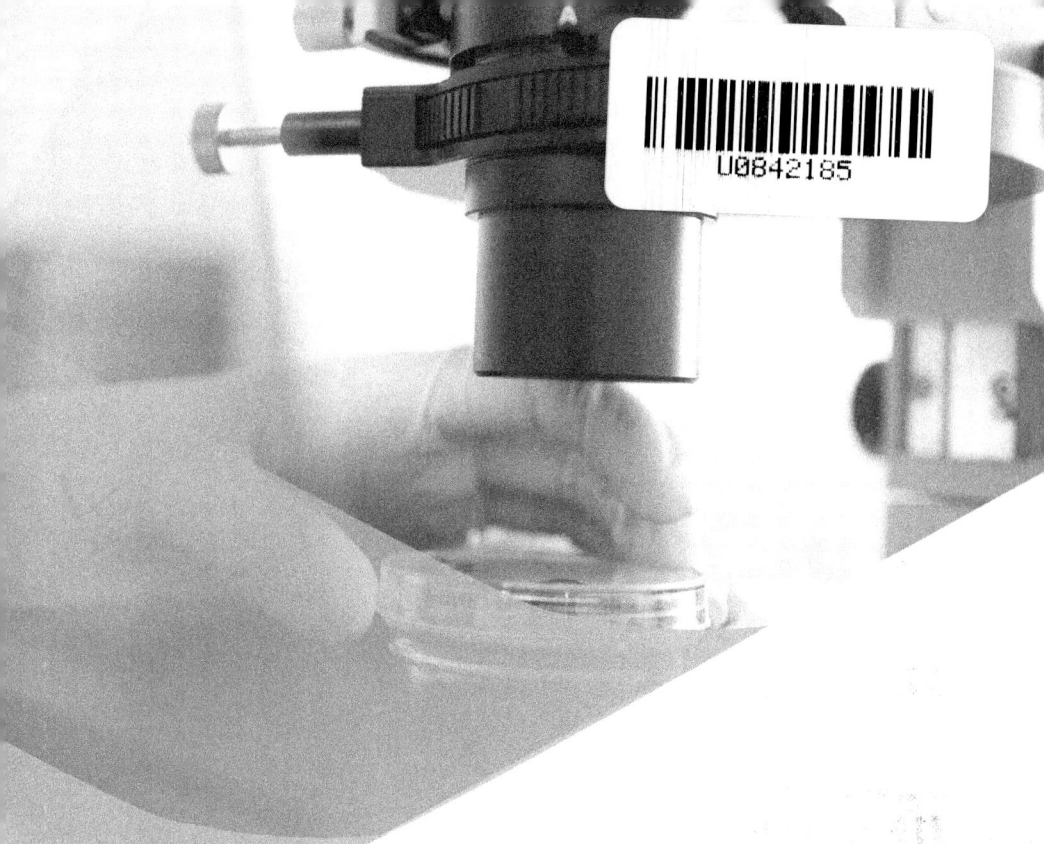

畜禽产品
药物残留检测概要

怀文辉 方 芳 赵 营 主编

中国农业科学技术出版社

图书在版编目（CIP）数据

畜禽产品药物残留检测概要 / 怀文辉，方芳，赵营主编. -- 北京：中国农业科学技术出版社，2025.3.
ISBN 978-7-5116-7266-7

Ⅰ. S859.79

中国国家版本馆CIP数据核字第2025MZ8094号

责任编辑　张国锋
责任校对　李向荣
责任印制　姜义伟　王思文

出 版 者	中国农业科学技术出版社
	北京市中关村南大街12号　邮编：100081
电　　话	（010）82109705（编辑室）（010）82106624（发行部）
	（010）82109709（读者服务部）
网　　址	https://castp.caas.cn
经 销 者	各地新华书店
印 刷 者	北京虎彩文化传播有限公司
开　　本	148 mm×210 mm　1/32
印　　张	5.125
字　　数	132千字
版　　次	2025年3月第1版　2025年3月第1次印刷
定　　价	60.00元

※版权所有·侵权必究※

《畜禽产品药物残留检测概要》
编委会

主　编　怀文辉　方　芳　赵　营

副主编　倪香艳　魏紫嫣　李文辉　孙志文
　　　　　赵雅妮　王乐宜　张菁菁

编　者（按姓氏笔画顺序）

　　　　　王乐宜　方　芳　孙　娟　孙志文
　　　　　杨　静　李　英　李　甜　李文辉
　　　　　怀文辉　沈　媛　张菁菁　陈　翔
　　　　　郑君杰　赵　营　赵雅妮　倪香艳
　　　　　鲍　捷　魏紫嫣

前 言

随着国家综合实力的快速发展,我国已成为畜禽产品生产和消费大国。民以食为天,畜禽产品质量安全问题是国际社会面临的共同问题,直接关系着消费者的身体健康和生命安全,事关国家、社会和经济的健康运行,攸关国家和政府的形象。我国相继制定颁布了《中华人民共和国食品安全法》《中华人民共和国农产品质量安全法》等食品安全基本大法,逐步建立完善了一系列相应的配套法律法规和技术文件,从食品生产到消费全链条全环节建成了完整的法律保障体系。畜禽产品质量安全的评价是以检测机构的检测报告作为最终的依据,因此必须保证检测工作的可靠性。近年来,国家持续投入大量资金,完成了从国家到县级基层的检测监管的体系建设,建立了数以千计的畜禽产品质量安全检测机构,畜禽产品质量逐步受到有效监管。

国内畜禽产品安全检测工作始于20世纪90年代,基层检验检测机构建设较晚。笔者单位作为北京市市级畜禽产品质量安全检测机构,为区县级检测体系建设提供了技术业务指导,自2010年起承担了北京市各区县畜禽产品质量安全检测机构检测技术人员的理论和实际操作培训工作,并承担了历届参加全国农产品质量安全检测技能竞赛人员的选拔培训任务。在工作实践中深感，虽然近年来基层检测机构硬件建设逐渐完备，但检测技术人员能力水平普遍不足，严重制约了基层畜禽产品质量监测工作的效果。畜禽产品安全检测技术上属于化学分析范畴，具有鲜明的行业特点与要求。检测从业人员除了需要具备化学分析的基本知识和技能以外，还需掌握相关的药物残留、检测活动标准化和规范性的知识。但基层检测从业人员专业背景不一，从入职到成为合格的畜禽产品药物残留检测人员，需要经过较长时间的锻炼和学习。现有相关参考书籍，内容上或专而不全，或失之冗赘。初学者往往要从大量书籍文献中搜集提取相关的内容，难以形成系统性知识。基于此，我们希望编写一本面向基层检测从业人员需要，内容简明扼要且可以较快入门的指导用书。限于篇幅，化学分析及仪器通识部分因有大量专业书籍可以参考，不做详解。本书重点从一线检测技术人员角度介绍相关的必要知识，包括兽药残留与残留检测知识与概念，检测工作的规范性要求，检测过程的原理与质量控制要点，简要介绍主要检测方法的原理与定性定量方法，分析仪器使用的主要注意事项。内容力求有针对性和实用性，希望通过本书帮助新从业人员形成对药物残留检测工作的性质特点和原理的正确认识，对规范性检测活动的全过程有个整体的把握。

由于时间较为仓促且条件有限，书中或有疏漏之处，敬请同行读者指正。

目 录

第一章 畜禽产品兽药残留检测工作简介 ………………… 1
  第一节 畜禽产品质量安全与药物残留 ………………… 1
    一、畜禽产品中药物残留的形成 ………………… 1
    二、畜禽产品中药物残留的来源 ………………… 2
    三、畜禽产品中药物残留的危害 ………………… 4
  第二节 畜禽产品药物残留检测工作概述 ………………… 6
    一、畜禽产品药物残留检测相关概念 ………………… 6
    二、畜禽产品药物残留检测工作的性质特点 ………………… 8
    三、畜禽产品药物残留检测工作质量的保障机制 …… 11

第二章 畜禽产品药物残留检测基本技术过程 ………………… 17
    一、药物残留检测工作的基本流程 ………………… 17
    二、药物残留检测实验操作基本原理 ………………… 20
    三、药物残留检测技术的分类与作用 ………………… 42
    四、畜禽产品残留检测相关药物简介 ………………… 47

第三章 检测人员实验室操作过程控制 ………………… 59
  第一节 检测人员检测实操前准备 ………………… 59
    一、文件准备 ………………… 59
    二、试剂耗材 ………………… 61
    三、环境条件 ………………… 63

四、仪器 ………………………………………… 63
　　五、样品 ………………………………………… 64
　第二节　检测人员检测实操过程控制 ………………… 64
　　一、质控样品设置 ……………………………… 65
　　二、操作平行性 ………………………………… 66
　　三、技术记录 …………………………………… 66
　　四、检测误差的概念与来源 …………………… 66
　　五、数据处理与原始记录填写 ………………… 70

第四章　快速检测技术简介 ………………………… 76
　第一节　酶联免疫吸附技术 …………………………… 77
　　一、ELISA 技术简介 …………………………… 77
　　二、ELISA 基本原理 …………………………… 77
　　三、ELISA 基本类型 …………………………… 78
　　四、ELISA 操作要点 …………………………… 80
　　五、ELISA 实验控制 …………………………… 83
　第二节　免疫胶体金检测技术 ………………………… 85
　　一、胶体金检测技术简介 ……………………… 85
　　二、胶体金技术检测过程原理 ………………… 86
　　三、胶体金技术基本类型 ……………………… 87
　　四、胶体金检测操作要点 ……………………… 88

第五章　高效液相色谱法 …………………………… 89
　第一节　高效液相色谱法的原理与应用 ……………… 89
　　一、色谱法简介 ………………………………… 89
　　二、高效液相色谱法基本原理 ………………… 90
　第二节　反相高效液相色谱法 ………………………… 94
　　一、反相色谱法原理 …………………………… 94

二、离子对色谱法 96
三、色谱图基本要求 96
第三节　高效液相色谱法定性与定量 98
一、高效液相色谱法定性 98
二、高效液相色谱法定量 100
第四节　高效液相色谱仪的使用与维护 105
一、高效液相色谱仪的使用 105
二、液相色谱法的方法转换 108

第六章　液相色谱串联四极杆质谱法 111
第一节　质谱法原理概述 111
一、质谱检测器工作基本原理 112
二、四极杆质谱检测器的基本结构 115
三、质谱法相关的概念与术语 120
第二节　高效液相色谱串联四极杆质谱仪器简介 127
一、高效液相色谱进样系统 127
二、电喷雾离子源（含接口） 128
三、四极杆质量分析器 128
四、四极杆质谱检测器的工作模式 130
第三节　液相色谱串联质谱法定性与定量 131
一、液相色谱串联四极杆质谱法质谱图与色谱图 131
二、液相色谱串联四极杆质谱法定性 133
三、液相色谱串联四极杆质谱法定量 136
第四节　液相色谱串联四极杆质谱仪的操作使用 137
一、液相色谱串联四极杆质谱仪的开机与关机 137
二、检测前仪器准备 142
第五节　液相色谱串联四极杆质谱法的方法建立与优化
.... 142

一、仪器方法建立 ………………………………… 143
　　二、仪器方法优化要点 …………………………… 144
　第六节　仪器的实验室维护和使用注意事项 ………… 148
　　一、仪器的实验室维护 …………………………… 148
　　二、液相色谱串联质谱仪使用注意事项 ………… 152

第一章 畜禽产品兽药残留检测工作简介

畜禽产品质量安全检测工作有其特殊的要求，具有不同于一般化学分析活动的行业规范性要求，同时也需要具备一定的畜禽养殖和药物知识。检测技术人员应具备检测工作规范性知识、药物及药物残留知识、检测实验操作原理和技术三个方面的业务素质。本章叙述畜禽产品质量安全检测相关药物及药物残留的基本概念和知识，概述畜禽产品药物残留检测工作，旨在使读者对畜禽产品药物残留检测工作有一个总体的认识和把握。

第一节 畜禽产品质量安全与药物残留

一、畜禽产品中药物残留的形成

药物进入动物体内后经历吸收、分布、代谢和排泄的过程。经过消化、循环运输到达并分布于机体各器官组织，并形成代谢产物，以体液或粪便等形式排出体外。药物及其代谢产物在被完全排出体外之前，在体内一定组织部位都有一个或长或短的存留时期，这就是药物的体内残留。药物的体内过程对于不同药物，甚至是同属一类的不同药物，其规律均可能不同。例如磺胺类药物极性强，多数药物在鸡蛋蛋白中的残留高于蛋黄，而磺胺喹恶啉主要残留在蛋黄中。沙拉沙星在鸡蛋中的残留消除时间约7天，甲氧苄啶消除时间长达37天。药物残留的形式有原药形式和代谢物形式，例如氟苯尼考代谢产生的氟苯尼考胺，恩诺沙星代谢产生环丙沙星，都是残留检测的物质。有些药物的代谢产物具有很强的毒性，例如呋喃西林的体内代谢迅速，但是其产物氨基脲则与蛋白质结合而形成长期残留，具有很强的致癌、致突变、致畸的"三致作用"。药物残留在体内的存在状态有游离态和与体内蛋白质等成分的结合形态，如苯酚型药物沙丁胺醇、莱克多巴胺等在动物体内，除以游离形式原药存在外，还有相当比例与组织成分形成共价结合的硫酸酯轭合物和葡萄糖醛酸轭合物，需要水解释放出游离态原药再检测。

二、畜禽产品中药物残留的来源

集约化的养殖模式下易发生动物群体性传染病和应激疾病，造成较大的经济损失。兽药的使用也可显著提高饲料转化率，提高动物生产率，获得更高经济效益。养殖业使用疫病防治的药物是不可避免的，因此畜禽产品中药物残留风险的产生有其客观性。为保障畜禽养殖业的健康发展，各国均对养殖用药制定了明确的兽药使用管理规范性法规，我国农业农村部门制定了《兽药管理条例》《兽药标签和说明书管理办法》《食品动物禁用的兽药及其他化合物清单残留量》等一系列文件，对养殖企业兽药的规范化使用做出明确规定。基于利益驱动、法律意识淡薄等原因，一方面，为了防治疾病、提高出栏率、促进生长、杀菌保鲜，违反国家法规用药；另一方面，药物残留发生的环节涵盖兽药生产、饲料生产、养殖、运输和屠宰等，可通过环境、饮水、饲料及兽药引入导致药物残留。既有主动用药，也有养殖户不知情的被动用药。这些复杂因素导致监测监管难度很大，动物产品药物残留超标及禁用药物残留现象仍时有发生。药物残留发生有多种可能的原因。

1. 使用兽药不严格遵守休药期规定

休药期又叫消除期，是指动物从停止给药到许可屠宰或其产品许可上市的间隔时间。休药期是依据药物在动物体内的消除规律确定的，是按最大剂量、最长用药周期给药，停药后在不同的时间点屠宰，采集各个组织进行残留量的检测，直至在最后那个时间点采集的所有组织中残留水平下降到限量值。国家对允许养殖业使用的兽药都明文规定了休药期，休药期之后的体内兽药残留量可满足残留限量的要求。部分养殖户使用含药物添加剂的饲料或者直接使用兽药，因兽药使用管理知识欠缺，或为追求利益最大化，未能严格按规定执行休药期，导致销售上市的动物性产品兽药残留超标。

2. 使用禁用或淘汰药物

我国农业部在2003年（265）号公告中明文规定，不得使用不符合《兽药标签和说明书管理办法》规定的兽药产品，不得使用《食品动物禁用的兽药及其他化合物清单》所列药物及未经农业部批准的兽药，不得使用进口国明令禁用的兽药，畜禽产品中不得检出禁用药物。

3. 滥用药物

按照国家相关法规，养殖业动物使用处方药，必须由有资质的官方兽医根据养殖动物实际需要，根据《兽药管理条例》《兽用处方药和非处方药管理办法》《兽用处方药品种目录》等法规开具处方后方可购买使用。如果长期随意使用药物添加剂，用药剂量、给药途径、用药部位和用药动物种类等不符合用药规定，重复使用成分相同的药物，都可造成药物在体内过量蓄积，导致兽药残留发生。

4. 违反有关标签的规定

《兽药管理条例》明确规定，标签必须写明兽药的主要成分及其含量等。有些兽药企业为了增强药物的实际效果，在产品中添加标签主成分之外的药物，造成养殖户的不知情用药。中兽药中"药中药"的现象也时有发生。

5. 屠宰前违规用药

屠宰前使用兽药用来掩饰有病畜禽临床症状以逃避宰前检验，运输过程中使用抗应激及改善肉品外观等药物，可能涉及"瘦肉精"类药物、镇静剂类等品种，均能造成畜禽产品中的药物残留。

三、畜禽产品中药物残留的危害

兽药残留是指给动物使用药物后蓄积和贮存在细胞、组织和器官内的药物原形、代谢产物和药物杂质，包括兽药在生态环境中的残留和兽药在动物性食品中（如鸡蛋、奶品、肉品等）任何可食部分的残留。兽药残留的危害是多方面的。

1. 毒性反应

长期食用兽药残留超标的食品，体内蓄积的药物浓度达到一定量时会导致人体多种急慢性中毒。例如磺胺类药物可引起人体肾脏的损伤；氯霉素的超标可引起致命的"灰婴综合征"反应，严重时还会造成再生障碍性贫血；四环素类药物能够与骨骼中的钙结合，抑制骨骼和牙齿的发育等。

2. 诱导耐药菌株的产生

动物在经常反复接触某一种药物后,原来对该药敏感的菌株由于自然选择性产生耐药性基因而出现耐药菌株,原本有效的常用药物的疗效下降甚至失去疗效。例如,由于青霉素、磺胺类等药物在养殖业的长期滥用,这类兽药在畜禽临床效果越来越差,使疾病治疗更加困难。人常食用含有抗生素残留的动物性产品,同样会产生耐药菌株,人类可用药物的品种越来越少,对抗感染治疗造成重大威胁。

3. "三致"作用

许多药物具有致癌、致畸、致突变作用,对人类健康具有巨大威胁。如雌激素、喹恶啉类、硝基呋喃类等具有致癌作用;喹诺酮类药物个别品种有致突变作用;链霉素具有潜在的致畸作用。

4. 过敏反应

如青霉素、四环素类、磺胺类和氨基糖苷类等能使部分人类发生过敏反应甚至休克,并在短时间内出现血压下降、呼吸困难等严重症状,若未能及时抢救,甚至危及生命。

5. 菌群失调

健康人体胃和肠道内有数十个种属约500种微生物形成的菌群,其数量和组成比例可形成生态平衡。如抗菌药物残留长期作用于人类胃肠,正常菌群的平衡将被打破,导致消化系统疾病,影响机体的整体健康,也易造成病原菌的交替感染。

6. 影响生态环境质量

药物被动物以原形或代谢产物形式随粪便、尿液等排泄物排出进入环境的水及土壤,会对土壤微生物及其昆虫造成影响,对生态环境的健康平衡造成破坏。

7. 影响畜牧业的发展

长期滥用药物严重制约着畜牧业的健康持续发展,易造成畜禽机体免疫力下降，影响疫苗的接种效果。兽药残留问题也是我国动物性产品进入国际市场的最大障碍。

8. 影响社会稳定和谐

食品安全事故多为群体性事件，牵动社会的方方面面。作为社会治理成效的重要指标，食品安全事件也会对党和国家形象造成损害。

第二节　畜禽产品药物残留检测工作概述

一、畜禽产品药物残留检测相关概念

1. 动物源性食品（Animal Derived Food）

动物源性食品是指全部可食用的动物组织以及蛋和奶，包括肉类及其制品（含动物脏器）等。畜禽产品质量安全检测针对的是未经加工畜禽初级产品（如猪肉，牛肉，羊肉，禽肉，禽蛋，牛、羊生鲜乳）。需要注意的是检测标准对样品的性状和种类一般应有严格的界定。如检测标准"农业部1025号公告-18-2008"中"范围"部分明确该标准"适用于猪肝、猪肉、牛奶和鸡蛋"中9种β-受体激动剂的测定。GB 31658.22—2022明确该标准"适用于猪、牛、羊的肌肉、肝脏和肾脏"中的18种β-受体激动剂的测定。应根据实际检测的样品种类选择检测标准，否则属于超范围检测行为。

2. 兽药残留（Veterinary Drug Residue）

兽药残留是指食品动物用药后，动物产品的任何食用部分中与所有药物有关的物质的残留，包括原形药物或/和其代谢产物。兽药在动物源性食品中的残留有两个重要的特点。一是复杂性，即兽药残留的部位多样，可在细胞内外、多组织器官处残留；残留水平分布差异大，不同部位残留浓度不同；残留药物存在的形式不同，以药物原形或代谢产物形式存在，有些药物可能部分与体内成分以结合态存在。二是微量性，兽药残留一般在微克/千克水平（ppb 水平，十亿分之一）。

3. 靶组织（Target Tissue）

靶组织是指药物（原药及其代谢物）残留浓度最高，存留时间最长的可食组织。兽药残留限量标准中，需要制定最大残留限量的药物品种，规定了靶组织范围。

4. 残留标志物（Marker Residue）

残留标志物是指在靶组织中存留时间最长、最后排出的残留物（药物或代谢物）。残留标志物可能是药物原形，也可能是原形和代谢物之和，也可能是代谢物。残留标志物为药物原形的如阿莫西林，氨苄西林，地塞米松等；同时包括药物原形和代谢物的，如恩诺沙星的残留标志物是药物原形恩诺沙星和代谢物环丙沙星，氟苯尼考的残留标志物是药物原形氟苯尼考和代谢物氟苯尼考胺，奶中阿苯达唑的残留标志物是指阿苯达唑、阿苯达唑砜、阿苯达唑亚砜、阿苯达唑 -2- 氨基砜四种化合物；安乃近、尼卡巴嗪、喹乙醇等残留标志物为其代谢物。

5. 最大残留限量（Maximum Residue Limit，MRL）

最大残留限量是指对食品动物用药后，允许存在于食物表面或内部的该兽药残留的最高量/浓度（以鲜重计，表示为 μg/kg）。最大残留限量通常以国际组织或国家法规或强制性标准的形式发布，是保障动物源食品安全的法律依据。目前兽药残留限量标准主要有《食品安全国家标准 食品中兽药最大残留限量》（GB 31650—2019）、《食品安全国家标准 食品中 41 种兽药最大残留限量》（GB 31650.1—2022）及更新发布的禁用药物清单，兽药残留的规定有农业农村部 250 号、2292 号、

2428号、2583号、2638号等公告。

6. 总残留量（Total Residue）

总残留量是指对食品动物用药后，动物产品的任何食用部分中所有药物原形或/和其所有代谢产物的总和。

二、畜禽产品药物残留检测工作的性质特点

药物残留检测是针对具有国家技术监督部门评审认定或认可检测资质的检验检测机构所开展的检测活动，既具有一般检测的技术性特点，也有非常严格的规范性要求。检测报告具有法律效力，有法律文书的性质和作用，因此检测的准确性和可靠性事关重大。检测活动也不只是检测人员的检测实验操作，而是由整个检测机构完成的检测活动，需要检测机构各部门和人员之间严谨地组织配合，并在严密的管理运行机制下控制检测活动的全过程，才能确保检测结果的准确与可靠。

（一）药物残留检测工作的性质

畜禽产品药物残留检测是依据国家制定的技术标准和规范性文件，由具有质量技术监督部门认定资质的检验检测机构承担，对畜禽肉、蛋、奶等初级产品中的残留药物进行的检测活动。

药物残留检测属于食品安全监管范畴的化学分析活动，具有鲜明的社会治理的功能，关乎畜禽产品消费者的身体健康，也与产业发展、经济运行、社会和谐和政治稳定直接相关。药物残留检测的最终结果是检测报告，检测报告可作为司法的依据，准确可靠的检测工作事关重大。因此，药物残留检测活动的目标不同于学术性行为，强调的是行业内检测行为的可比性或者一致性。为实现这一目标，必须对检测活动全流程涉及的

所有要素采用统一的标准化规定，必须确保所有量值的准确而可靠地溯源。检测方法必须是指定的标准化分析方法，即经本检测机构经过方法验证并获得技术监督部门认定资质的国家检测标准及行业检测标准方法。目标是保证检测结果的准确性、可靠性、重复性和再现性等质量控制指标。因此，畜禽产品药物残留检测活动既需要技术上的可靠性，但更重视过程和结果的规范性，这是畜禽产品药物残留检测区别于科研活动性化学分析的基本特点。从事食品药物残留检测的检测人员，应当首先明了这个根本区别，明白检测工作是受到法律法规制约的行为，培养并始终严格保持检测工作的规范性意识和责任意识。

（二）药物残留检测工作的技术特点

1. 痕量分析

药物残留检测的是药物在动物体内代谢后残余在组织内的药物原形及其代谢物的定性、定量化学分析。残留药物成分在动物组织内的含量远低于用药水平，通常为微克/千克（十亿分之一）至纳克/千克（一万亿分之一）的痕量水平。因此，相较于常量化学分析，残留检测要求检测方法和检测仪器都要有很高的灵敏度，更要避免检测人员操作失误造成分析物的损失。

2. 样品基质复杂

药物残留检测的样品是动物性组织，为使分析的药物尽量释放和暴露，必须进行充分匀浆均质化。匀浆后的组织样品成分包括蛋白质、脂类等大分子物质，氨基酸、乳酸等小分子有机物，以及无机盐离子等千种以上的物质，这些种类繁多的物质构成了复杂的样品基质。样品基质是样品中的主成分，与之相比，残留药物仅占样品成分的极小比例。样品基质的复杂性和高比例是痕量残留分析难度大的主要原因。在样品前处理时，一方面需要目标分析物（残留药物）尽可能充分提取出来以满足灵敏度的要求，另一方面又要尽量减少基质成分的共提取以满足降低仪器检测的基质效应的要求。由于提取和净化方法通常选择性有限，最终样品溶液中的主要成分仍为基质成分，对仪器检测仍可能造成干扰，因此提取和净化需要在提取的充分性和净化程度之间寻求一个合理的平衡。采用标准检测方法基本能够满足药物残留检测的要求，但是样品之间基质成分差异、检测操作中的偏差以及检测仪器本身的性能因素等对基质效应的影响不可忽视。

3. 标准化操作

药物残留检测从采样、制样到实验室检测活动都必须在标准化的方法指导控制下实施。必须采用本检测机构已获得能力资质认定的各级检测标准作为检测方法依据。据此制定的标准操作规程必须注意不能有未通过申请、验证和审批的技术偏离。

4. 可追溯性

残留检测全部活动步骤及环节均应形成有迹可循的完整清晰的链条，所有数据均应可溯源到准确可靠的原始量值。为实现检测的可追溯性，一方面操作过程中应实时、准确、完整地记录填写相关信息，另一方面对计量相关的数值（如量具、标准物质）应准确、连续、规范地传递。

上述特点决定了残留检测的难度较大，即在复杂基质中检测痕量物质同时兼顾检测结果的准确性、可靠性，需要一整套严格的控制措施来保障。检测人员需要在遵守严格的质量控制措施下，在对检测方法进行充分验证后，在试剂、样品、操作及仪器等所有检测环节规范性要求下进行检测活动，从而避免检测的失误。

三、畜禽产品药物残留检测工作质量的保障机制

畜禽产品药物残留检测报告是检测活动的最终产品，检测机构如同生产检测报告的生产单位。为保障检测结果的准确性和可靠性，要求从检测机构的组织结构设置、运行机制与管理上进行技术层面和质量层面的严格规范控制。影响产品（检测报告）质量的有"人、机、料、法、环"要素，相应地也是质量控制的关键环节。质量控制是系统性工作，需要全员参与互相配合。检测机构各岗位人员的职责有明确界限，检验检测人员应确保个人在岗位责任范围内把好规范性质量控制关，明确哪些环节是自己必须承担的责任，使自己负责的环节严格符合质量管理要求，检测数据严密可靠，也是对个人检测责任的安全保障。

（一）资质要求

1. 检测机构的资质要求

畜禽产品质量安全检验检测机构的资质认定认可包括检验检测机构资质认定证书（CMA）、农产品质量安全检测机构考核合格证书（CATL）等。CMA 是中国计量认证/认可（China Metrology Accreditation），是国家对检测机构的法制性强制认证，是检测机构计量认证的合格标志，标志该检验机构为合法的检验机构，具备符合要求的检测设备、人员资格、工作场所、检验条件和健全的管理规程、规章制度。取得计量认证合格证书的检测机构，允许在检测报告上使用 CMA 标记。有 CMA 标记的检验报告可用于产品质量评价、成果及司法鉴定，具有法律效力。CATL 是农产品质量安全检测机构考核合格证书（China Agri-product Testing Laboratory），根据《中华人民共和国农产品质量安全法》的要求，承接政府农业部门下达的农产品检测工作

任务的检验检测机构，需要通过 CATL 资格审查，具有部门行业的强制性。从事农产品质量安全检测的检验检测机构，必须通过 CMA 和 CATL 双认证才能开展检测工作并出具检测报告。

2. 检测人员的素质要求

检验检测机构的检测人员应具备与所开展的检测活动相匹配的法律法规知识、专业技术背景和检测技术能力。应当熟悉有关食品标准和检验方法的原理，掌握检验操作技能、标准操作规程、质量控制要求、实验室安全与防护知识、计量和数据处理知识等，并经过相关法律法规、质量管理和有关专业技术的培训和考核。根据 CMA 计量认证要求，检测机构对从事检测及操作设备的检测机构人员，必须提供相应的法律法规和技术培训，对检测工作相关的知识和技能进行考核，合格后进行资格确认并持证上岗。检验人应当依照有关法律、法规的规定，并按照食品标准和食品检验工作规范对食品进行检验，尊重科学，恪守职业道德，对个人应该控制的要素和环节严格把关，保证出具的检测数据和结论客观、公正，不得出具虚假检测数据和报告。

（二）检测机构组织结构与运行

1. 检测机构岗位设置与职责

检测机构的组织结构设置应按照《检验检测机构资质认定评审准则》的要求，层级和结构环节完整，逻辑清晰，职责明确。通常检测机构设置有业务综合科室、检验检测科室和质量管理科室等部门。各机构根据自身人力和物力条件，在部门设置上各有不同，但必须确保涵盖《检验检测机构资质认定评审准则》所要求的全部职能。当工作需要多部门和多岗位协同完成时，必须根据职责的主次关系密切配合。一名人员也可兼任多个岗位，但在逻辑上不应导致质量控制的失效。图 1-1 为检验检测机构的基本组织架构。

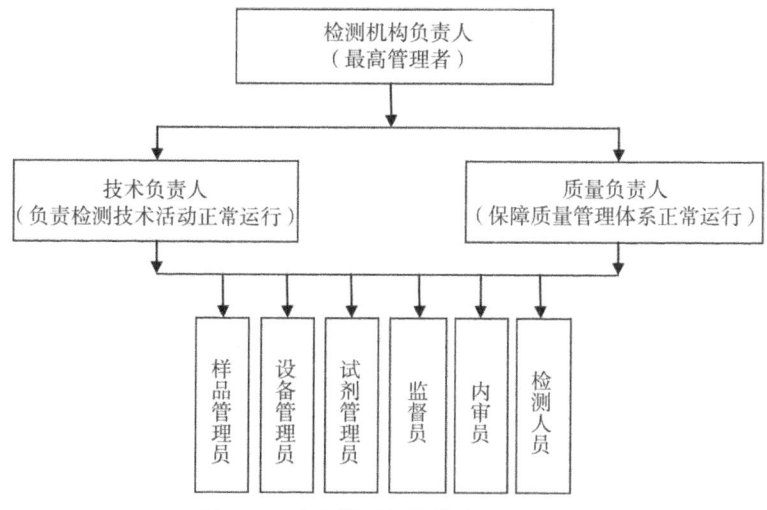

图 1-1　检验检测机构基本组织结构

检测人员的岗位职责是：熟练掌握所从事的检测项目的检测标准和检测方法，安全规范地开展检测活动，认真规范地填写原始记录，负责编制原始记录，并对检测数据的准确性负责；严格按检测标准/作业指导书等开展检测活动，检测前必须认真检查仪器设备、环境条件、样品状态等是否正常，确保检测条件符合技术标准要求；主动接受监督员的监督；保证仪器设备的正常运行，负责日常维护；掌握一般的仪器设备保养、检查和故障排除技能；当发现或怀疑仪器设备有问题时，及时向检测组主任报告并实施追溯和采取必要措施；遵守本机构的各项规章制度，维护并确保环境条件符合检测工作的要求；有权拒绝来自内部和外部的各种压力和影响，科学公正地开展检测工作；按要求开展内部质量控制活动，参加能力验证与实验室间对比，接受内部审核。同时，检测人员还可能兼任监督员、设备管理员岗位，应按照质量管理体系文件中的规定履行职责。

2. 质量管理体系

检验检测的内部体制架构建立完善后,其运行状况容易受到人、机、料、法、环等多环节多要素的影响,因此必须建立可靠的运行保障机制,并形成质量管理体系文件,要求检测机构所有人员严格遵守。按照《检验检测机构资质认定能力评价检验检测机构通用要求》(RB/T 214—2017)和《检验检测机构资质认定管理办法》的要求,检验检测机构应建立、实施和优化与其活动范围相适应的管理体系,将制度、计划、程序和指导书制定成管理体系文件,宣贯传达至有关人员,并被其获取、理解和执行,系统地把可能影响检验检测质量的技术、人员、资源等全因素全过程进行全面控制。管理体系文件按照层级一般包括四个方面的内容:质量手册、程序文件、作业指导书和质量记录表格,是检测机构有效可靠运行的文件机制保障(图1-2)。

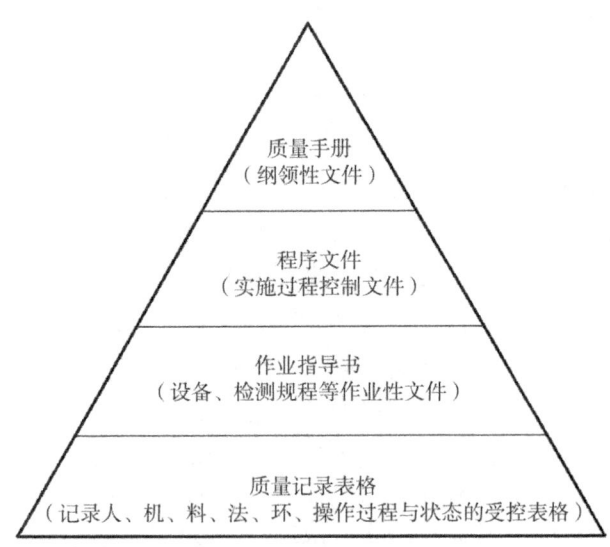

图1-2 检验检测机构质量管理体系文件

质量手册是第一层次文件，一般按照《通用要求》和各领域的补充要求以及规定的质量方针、目标描述管理体系要素、职责和途径，是检验检测机构内部质量管理的纲领性文件和行为准则，具有指导全局的作用，主要是管理层使用。

程序文件是质量手册的支持性文件。它将质量手册的纲领性内容转化为各部门具体职能活动形成文字规定下来，在质量手册和作业指导书之间起到承上启下的作用，主要是各部门管理者使用。

作业指导书是程序文件的支持性文件。它是指导某项具体活动或过程的文件，如设备分析方法、操作规程或细则等，是一线检测人员必须熟悉且严格参照的文件。

质量记录表格包括检测原始记录表格及各种质量记录表格，可以与作业指导书合并，是用以记录活动的状态和所达到的结果的文件，也是证明检验检测活动和追溯检验检测全过程的最直接、最有效的方式，是一线检测人员主要使用的受控记录表格，在实际检测活动中，检测人员应确保检测涉及的所有质量记录表格的规范性填写。

应该注意，在上述体制、机制保障中，作为实施者的人员是质量保障的核心。除需要对人员进行必要的技术培训以提高技术能力，还必须通过质量体系文件的强化培训、宣贯，增强检测人员的质量意识、规范性意识和责任意识，检测工作的质量要求才能顺畅实现。

参考文献

陈杖榴，2002. 兽医药理学［M］. 北京：中国农业出版社.

李俊锁，邱月明，王超，2002. 兽药残留分析［M］. 上海：上海科学技术出版社.

庞国芳,2007.农药兽药残留现代分析技术[M].北京:科学出版社.

唐英章,2004.现代食品安全检测技术[M].北京:科学出版社.

旭日干,庞国芳,2015.中国食品安全现状、问题及对策战略研究[M].北京:科学出版社.

第二章 畜禽产品药物残留检测基本技术过程

一、药物残留检测工作的基本流程

药物残留检测活动是由整个检测机构承担完成的，实验室内进行的检测操作只是检测工作的一个阶段。对检测人员而言，检测工作是从接收待检测样品开始，利用检测实验室内的环境条件、试剂耗材、处理设备和检测仪器等条件，依据指定的检测标准开展样品前处理操作，根据检测仪器给出的检测数据获得检测结果，完成原始记录的过程。检测技术人员应该了解检测机构的组织架构以及机构各部门的明确分工与职能，了解机构运行机制与保障机制，更要明确检测人员个人所应承担的岗位职责以及与其他部门与岗位之间的配合关系，这样才能确保检测任务的顺利进行，规避岗位风险。图2-1介绍了检测机构检测活动的基本流程。检测工作的流程是一个多环节的过程，涉及多个部门和岗位。流程各环节行为由不同部门和岗位承担职责。各环节之间既有先后逻辑顺序的相互独立关系，也有互相配合共同把好质量管理关口的协作关系。

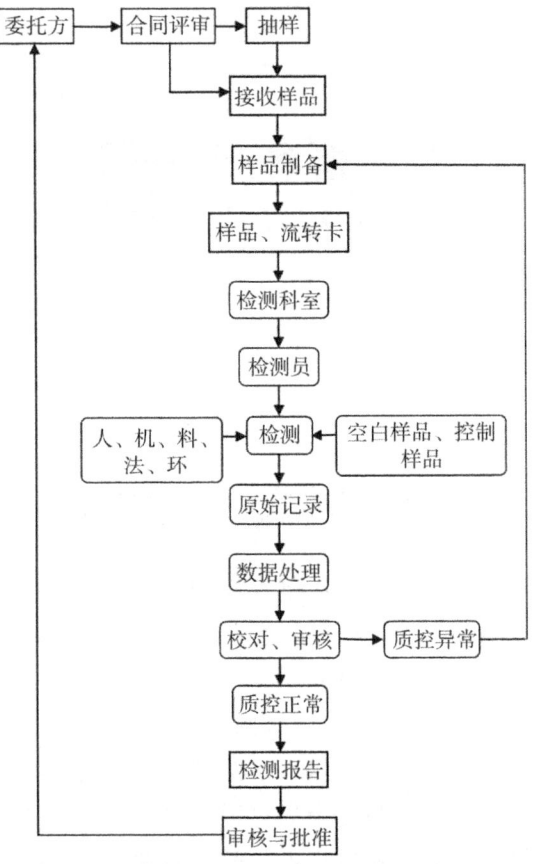

图 2-1 检测机构药物残留检测工作基本流程

在检测室内的检测阶段，承担具体检测任务的检测人员应明确自己必须承担的质量控制职责。检测人员从接受检测任务安排开始即应该从"人、机、料、法、环"各要素做好甄别，判断这些要素状态是否满足开展检测的需要。有不符合要求的要素，必须在纠正并符合要求之后才能开展检测。

人：指检测人员是否具备检测任务中涉及的检测参数的资质，即检测机构是否对该名检测人员检测此项检测参数进行过培训和考核，考核合格后应持证上岗。

机：指检测拟采用的仪器、设备是否在检定校准有效期内，当检定状态正常而当前状态异常时，应进行维修维护并且核查状态正常后才能启用。

料：指检测所采用的标准物质和试剂耗材是否满足质量要求。标准物质必须选择有证标准物质等能够满足量值溯源要求的标准物质，是否在有效期内，配制过程是否有完整规范的记录与标签信息。

法：指所指定的检测标准方法是否为本检测机构检测参数资质能力范围之内的方法，以及检测参数（残留药物）和检测样品种类是否在标准方法标明的范围之内。

环：指检测活动的各场所的温度、湿度、通风等条件是否满足检测要求，有无相应的温湿度控制和记录。

在上述要素均符合检测质量管理要求后才可以开始检测实验活动。在实际检测操作时，尤其需要引起重视的是检测中各种量值的溯源性，量值溯源性要求各步骤的量值在检测过程中的标准物质溶液的称量、配制和前处理与上机检测前的移液步骤中，所采用的各种量具必须是经过检定合格的量具，包括天平、移液器、移液管及容量瓶等。这些量具所量取的体积和质量数值的准确性和精密度直接影响检测结果的准确性。

另外，《检验检测机构资质认定管理办法》等还规定了检测活动中的安全因素的保障措施和要求，包括实验室水、电、火、试剂以及实验室建筑设计等方面，是否采取检测人员自身以及实验室的安全防护措施等。

二、药物残留检测实验操作基本原理

畜禽产品中药物残留检测是一种从畜禽肉、蛋、奶等复杂生物基质中分离、提取残留药物并用分析仪器进行定性和定量检测分析的技术活动。实验操作基本过程如图2-2所示。

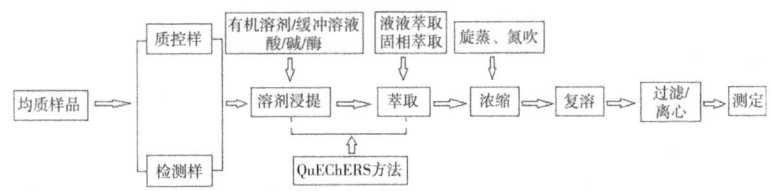

图2-2 药物残留检测实验操作基本过程

(一) 样品前处理

样品前处理又称为样品预处理（Sample Preparation），是指将样品中的被测组分分离出来，并定量地转入适合仪器检测的溶液中的过程。在分析实验中，样品前处理步骤至为重要，样品前处理的好坏不仅直接影响最终分析结果，而且会影响分析仪器的试用寿命。LG-GC杂志对世界上100多个实验室进行统计的结果表明，色谱法检测复杂基质中的微量药物，样品前处理步骤所花费的时间在检测分析过程所有环节中耗时最长，占整个分析过程的61%。同时样品前处理的效果对检测误差来源的贡献最大，高达30%，如果算上检测人员称量、移液和定容等人为操作环节的误差，误差贡献可达50%（图2-3，图2-4）。药物残留检测技术过程的样品前处理步骤十分关键，检测人员必须掌握每一操作步骤的目的、原理和影响因素，提高对规范操作的重视和检测过程的掌控能力。

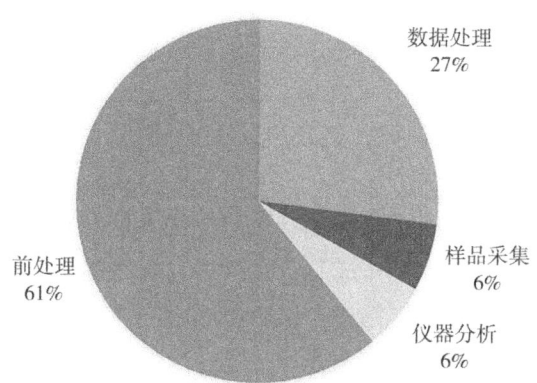

图 2-3　典型色谱分析各步骤时间占比

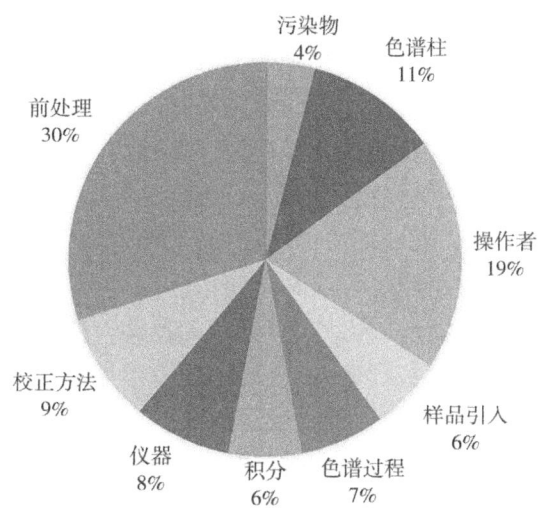

图 2-4　色谱分析误差主要来源占比

1. 样品均质化

为保证样品的均一性和代表性，下达的检测样品在样品制备时已经经过均质化处理。均质化通常用匀浆器、超声设备处理，需要足够的处理强度以保证组织样品充分破碎，使分析物得以充分暴露以保证检测值的准确性。如果均质化的样品未能及时检测而冻存，则在从冻存状态下取出融化后，会析出大量血液和组织液等成分，应重新均质化后再称量检测样，否则检测值可能产生较大偏离，这是应该引起注意的操作细节。

2. 提取

根据样品基质性质特点和残留药物的理化性质，选择适宜的溶剂将药物从复杂基质中转移到溶剂中。提取溶剂应对残留药物有较好的溶解性，使之能充分地转移到溶剂中。同时，提取溶剂对蛋白质应具有良好的沉淀作用，通过后续的离心步骤能去除大部分蛋白质，起到初步的净化作用。有机溶剂除蛋白效果较好，通常有乙腈、乙酸乙酯、甲醇等。乙腈是最常用的有机提取溶剂，除了去蛋白效果强，亲水性也很突出，可获得更高的回收率。若提取溶剂为水相，可采用高氯酸、三氯乙酸等去除大部分蛋白。

对于有轭合形态的残留药物如沙丁胺醇，要通过酶解、酸水解、碱水解的方式释放出游离态药物，因此选择极性溶剂进行第一步提取，一定温度下处理后再进行除蛋白操作。对于有较强二价金属离子螯合能力的药物如四环素类，应在第一步提取时选择含 EDTA 等螯合剂的缓冲液。

提取溶剂与样品混合后应有充分的振荡，使提取溶剂与残留药物有充分的接触时间，提高提取效率。但有时剧烈振荡可能发生严重的乳化现象，而乳化形成的对药物的包裹可明显降低提取效率，回收率将有明显损失。为避免乳化应降低振荡强度。乳化发生后应采取长时间静置、超声、离心、加热或者加入电解质等方法消除后再完成后续操作。

有些药物对空气、光照敏感，在操作过程中应尽量缩短暴露时间，如四环素类、肾上腺素等。

3. 净化

提取的同时即有初步净化作用，但提取溶剂的选择性有限，大量基质成分仍与目标分析物形成共提取物。提取液中的主要成分仍为蛋白质、脂类、小分子有机酸碱及无机盐等基质成分，对后续检测有很强的干扰，需要有进一步的净化步骤。蛋白质与脂类是干扰检测的主要关注的杂质成分。脂肪的消除可采用正己烷溶解分层去除，冷冻后高速离心也可去除脂肪。

提取回收率的要求与净化除杂质的要求通常是一对矛盾，良好的前处理方法应该在二者之间找到一个满足检测目标的平衡。净化的方法既要有去除杂质的作用，同时应尽量避免目标分析物的损失，需要净化方法应具有较好的选择性。药物残留检测方法中常见的净化方法有液-液萃取法（Liquid-Extraction）、固相萃取法（Solid Phase Extraction，SPE）、QuEChERS（Quick, Easy, Cheap, Effective, Rugged, Safe）法等。

（1）液-液萃取法

除生鲜乳为乳浊液外，畜禽产品多为细胞组成的固体组织样品，第一步要通过提取试剂将残留药物提取转移到液体中，这是一种固液萃取，也称浸取。浸取液虽然将药物提取出来，但浸取的选择性差，浸取液中同时含有大量的样品基质成分，必须进一步净化处理。

液-液萃取是对浸取液进行萃取和净化。萃取是药物溶质从一个液体相逐渐转移到另一个液体相的平衡过程。液-液萃取的基本原理是化学中的"相似相容"原理，即利用溶质（分析的残留药物）在两个互不相溶的液体相中溶解度的不同，选择适当的溶剂，使溶质从一个液相（溶解度小，萃余相）转移到另一个液相（溶解度大，萃取相），从而达到分离净化的目的。两种液体应该互不相容，即能够形成分层（或盐析分层），密度较小的液体形成上层，密度较大的液体形成下层。一般情况下，一种液相是水溶液，另一种液相是有机溶剂。通常大多数药物在有机溶剂中的溶解度大于在缓冲液水相中的溶解度，因此药物溶质被萃取到上层。有机溶剂具有较高的蒸气压，随后可通过旋转蒸发或气体吹干的方法将有机溶剂除去，实现浓缩目的。液-液萃取效率受多种因素的影响。

①分析物的形态

检测的残留药物多含可电离基团，在萃余相中药物可能存在未电离的形式及电离的形式，萃取相与萃余相对两种形式的药物的溶解性有明显差异。萃余相对电离形式的药物溶解度较大，对萃取效率可造成严重损失，导致检测准确度降低。应调节 pH 值，使药物保持非电离形式，确保萃取效率。如农业部 1025 号公告-18-2008 检测 β-受体激动剂残留方法中，缓冲液提取后调节 pH 10 附近，使药物尽量处于非离子化或等电点附近，再用有机试剂萃取。

②萃取相的试剂种类

同一药物在不同有机溶剂中的溶解度差异较大，应尽量选择溶解度较大的有机溶剂或溶剂组合作为萃取相。同时也应注意选择的溶剂对基质成分的溶解度尽量较小，例如二氯甲烷对干扰质谱检测的磷脂成分溶解度极小，而甲醇作为萃取剂则磷脂杂质含量较高。乙腈作为萃取试剂其对大部分药物萃取效率优良，而其提取的杂质较少，因此应用最广。

③萃取相与萃余相比例

萃余相对药物仍有一定的溶解度，因此提高萃取相比例则萃取到上层的药物比例相应提高。但萃取相比例太高，共萃取出的杂质含量也越高。通常萃取相为萃余相体积的 2～5 倍。

④萃取相与萃余相的混合

萃取前药物存在于萃余相，应通过振荡涡旋等方式使两相充分混合接触以利于药物充分溶解转移至萃取相中。

⑤萃取次数

虽然萃取原理是相似相容，分析物在萃取相中的溶解度显著大于在萃余相中的溶解度,但在萃余相中仍有一定量的分析物未被提取。一般应进行两次以上的萃取才能获得需要的萃取效率。

⑥萃取相与萃余相的分层

振荡混匀后静置或离心,两相形成分层,萃取相用于后续净化及浓缩操作。在有些情况下,如样品中含有较多的表面活性剂(如磷脂)且振荡搅拌过于剧烈时,可能产生乳化现象。乳化形成大量乳化颗粒,导致两相难以形成清晰分层,而乳化颗粒中可能包裹分析药物。乳化导致萃取失败,药物回收率严重受损,因此应尽量防止发生乳化。发生乳化后,如静置无法破乳,可通过加热、超声、离心或者加入无机盐、其他有机溶剂破乳。

(2)固相萃取法

畜禽产品药物残留检测标准方法中,最常用的净化方法是固相萃取法(Solid Phase Extraction,SPE)。固相萃取需在固相萃取柱上完成,固相萃取柱可近似看作柱效较低的色谱柱,因此固相萃取的原理是基于液相色谱理论,通过选择性吸附和选择性洗脱的方式对样品进行富集、分离和净化(图2-5,图2-6)。

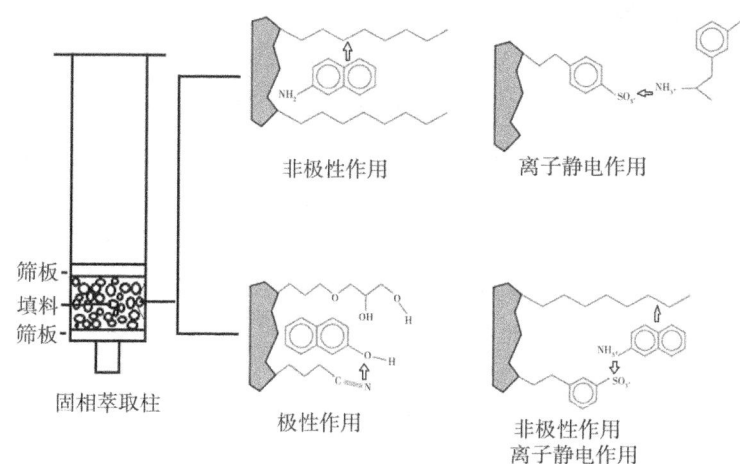

图 2-5 固相萃取技术原理

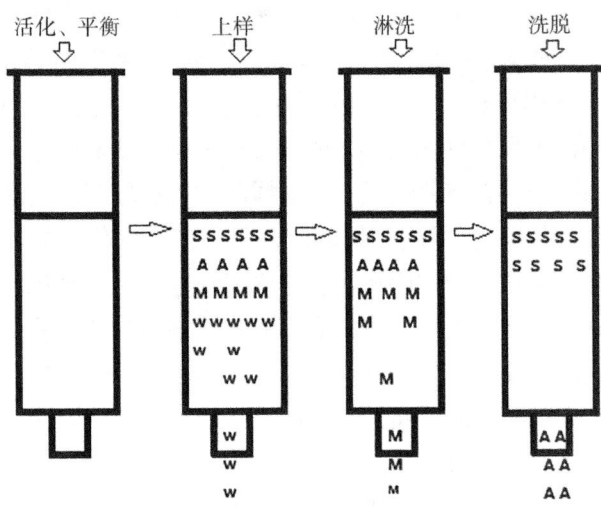

（S：强保留；A：目标分析物；M：弱保留；W：无保留）

图 2-6 固相萃取过程

①固相萃取法分类与原理

根据固相萃取柱的作用，固相萃取模式有分析物保留、杂质保留两种模式。检测标准中的固相萃取法主要采取的是分析物保留模式（图 2-6）。

根据固相萃取填料的吸附保留原理，常用的可分为正相固相萃取、反相固相萃取和离子交换固相萃取三种基本类型。正型固相萃取柱使用亲水性材料如硅胶、碳黑等作为固定相，用于富集极性化合物。常见的正相固相萃取柱有氨基固相萃取柱、酸性固相萃取柱、硅胶固相萃取柱和聚乙二醇固相萃取柱等。它们与极性物质形成相互作用，对非极性化合物没有选择性。反相固相萃取使用疏水性材料（如 C_{18}、C_8 等）作为固定相，用于富集非极性化合物。离子交换固相萃取使用含离子交换基团的材料作为固相，如氨基甲酸酯基团、磺酸基团等，适用于对带电离子类分子进行富集和分离。离子交换固相萃取柱包括强阳离子交换固相萃取柱、强阴离子交换固相萃取柱、弱阳离子交换固相萃取柱和弱阴离子交换固相萃取柱等。

②固相萃取法操作影响因素

a. 填料类型的选择。根据分析物亲水性、疏水性、离子化能力及基质特点判断合理的选用填料类型是固相萃取成功的根本保证。

b. 固相萃取柱的活化。由于固相萃取柱填料处于干燥状态，需要根据使用说明先用适当试剂对固相萃取柱进行预活化，使填料湿润膨胀而吸附基团充分伸展暴露。在操作过程中填料也不可干燥。

c. 样品溶液有机溶剂比例。既要确保分析物的溶解性，也要避免强度太高而分析物无法有效保留。

d. 样品溶液的 pH 值。对于可离子化的分析物，是否为离子化状态及离子化程度，对萃取柱填料对分析物的保留能力影响很大，不仅对离子交换的成败至关重要，对反相固相萃取也可能产生显著影响。pH 值决定了分析物的离子化状态，因此必须严格控制样品溶液的 pH 值。

e. 样品溶液的离子强度。对于离子交换固相萃取影响较大，高浓度的基质离子对分析物离子交换过程有明显的竞争干扰作用，因此应控制降低样品溶液中的离子强度。

f. 固相萃取柱载量。固相萃取柱均有其标示的规格，通常以容量体积和质量标示。载量也应该注意体积载量和质量载量两个参数。不仅样品溶液中的溶质量不能过载，上样体积同样不应明显超出标示量，否则产生过载将导致分析物回收率损失。

g. 流速。分析物与萃取柱填料的保留吸附需要一定的平衡作用过程，若流速过快则可能导致分析物吸附未达到平衡即已流穿而损失，回收率低。

h. 淋洗强度。淋洗步骤的作用是以淋洗液去除吸附在萃取柱上的杂质。淋洗液中含有一定比例的洗脱试剂，目的是确保分析物持续保留的前提下洗脱杂质，因此比例不可过高以免分析物被洗脱而损失。

i. 洗脱强度。在淋洗步骤后，用破坏分析物与柱填料吸附作用的试剂可以将分析物洗脱出来。例如对于疏水性萃取柱，用甲醇、乙腈等有机溶剂洗脱；对于阳离子交换萃取柱，以碱性溶剂洗脱，阴离子交换萃取柱，以酸性溶剂洗脱，必要时可加入一定浓度的挥发性盐提高洗脱强度。对于一般检测器，也可以用溶解性高的无机盐，如氯化钠溶液。而质谱检测器则必须用挥发性盐类，如甲酸铵、乙酸铵等。洗脱试剂的组成和比例决定了洗脱溶剂的洗脱能力的强弱。洗脱力的强度并非越高越好，以能满足分析物充分洗脱为宜，过强的洗脱力同样会同时将吸附于萃取柱上的基质成分洗脱下来，干扰后续的检测响应。

4. QuEChERS 法

QuEChERS 法是一种简便而快速高效的提取净化技术，已成为蔬菜、水果等植物样品中农药残留的常规前处理方法（图 2-7）。QuEChERS 法基本原理是，采用乙腈为基本提取溶剂将药物提取到溶液层，无水硫酸钠或无水硫酸镁为吸水试剂除水，以 PSA、GCB、C_{18} 等吸附剂去除脂肪酸、色素等基质成分，从而实现快速提取与净化的目的。操作仅涉及振荡和离心步骤，因此处理速度远快于传统的液-液萃取及固相萃取，很适合农产品中农药残留的检测。近年来有不少基于 QuEChERS 法的兽药残留方法的研究，也有个别基于改进后的 QuEChERS 法前处理方法的兽药残留筛查检测的标准方法颁布。

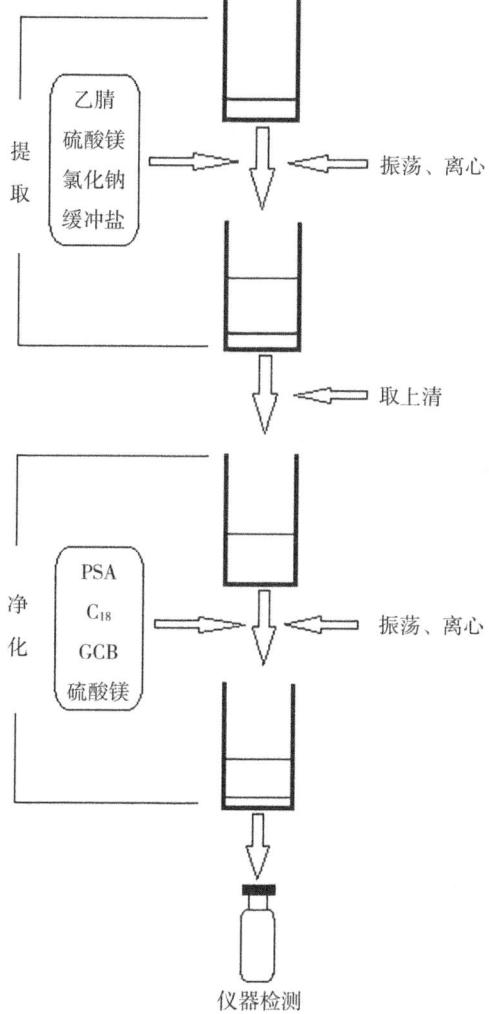

图 2-7 QuEChERS 法基本流程

与植物样品及农药相比，动物样品基质更为复杂，水分含量低而脂肪含量较高，同时残留药物的物理化学性质与农药差别大。QuEChERS 法仅涉及一步提取和净化，净化在离心管

29

中即可完成，处理效率很高。QuEChERS 法净化作用不如固相萃取选择性高，净化效果相对较差，除脂肪效果不足。杂质去除不够充分，对质谱检测器的耐污染性能是较大的挑战；通用型萃取溶剂萃取能力和选择性对药物种类的覆盖面有限，限制了 QuEChERS 法在畜禽产品药物残留检测上的应用。常规 QuEChERS 法需要加以优化后才能适应畜禽产品药物残留检测的前处理要求。

5. 浓缩

残留药物的浓度极低而检测仪器的灵敏度有限，所以应将样品成分溶于较小的体积，即对分析物浓缩。浓缩的方法是将前处理提取净化步骤得到的溶液干燥后重新溶解于小体积的溶剂中。溶液干燥的方法主要是旋转蒸发、气流吹干两种方式。

（1）旋转蒸发

旋转蒸发法的原理利用了加热、密闭减压下溶剂的分馏作用。容纳样品溶液的鸡心瓶，在水浴加热的条件下，通过机械泵抽气减压，沸点较低的有机溶剂不断形成蒸汽，再冷凝回流至冷凝液收集瓶中，鸡心瓶中的液体不断减小直至干燥。旋转蒸发一般在溶液体积较大，样品数量不多时采用。蒸发速度过快对于沸点较低的同化激素类药物可造成损失，减压不可过快，且应降低水浴温度。若减压蒸发速度过快，对于沸点低的有机溶剂可能发生爆沸，不仅分析物损失，也有一定的安全威胁。加入适量的沸石或正丙醇可一定程度上防止爆沸。

（2）气流吹干

在加热条件下，向溶液表面吹入气流促进有机溶剂的蒸发。通常为确保药物的稳定，多采用通入氮气流的方法吹干。氯霉素等耐氧化的药物可以用空气流吹干。同样，应注意水浴温度、气流大小及干燥程度对药物损失的影响。

6. 衍生

由于分子量过小、缺乏特异性光谱响应结构或者沸点过高等原因，有些药物无法直接用一定的检测器检测。如 β-内酰胺类药物，紫外检测波长在 200～235nm，紫外吸收特征性差，基质和溶剂干扰较大，因此在用液相色谱检测时需要与 1，2，4-三氮唑和氯化汞进行衍生反应，使其具有特征吸收。硝基呋喃类代谢物的分子量在 100Da 左右，结构过于简单，无法产生质谱法检测需要的特征性离子及碎片，因此需和 2-硝基苯甲醛反应生成分子量较大的衍生化产物再用质谱检测。

7. 样品复溶

样品复溶液的组成应确保对药物有足够的溶解能力，对杂质溶解力低。同时应注意复溶液组成是否适合色谱方法和检测器的需要。对色谱方法，一般情况下复溶液组成应与色谱流动相梯度初始比例一致或相近，避免发生溶剂效应。质谱检测器则要求样品溶液中尽量不含表面活性剂、不挥发性盐和离子对试剂等。

8. 滤膜过滤

样品前处理后得到的溶液含有较多基质成分形成的不溶性颗粒物，在色谱进样前如不能去除，将对色谱系统造成严重影响。色谱柱内填料颗粒很细，颗粒间与颗粒内的空隙极小，溶剂和样品中的细小颗粒会使色谱柱和筛板堵塞，造成色谱柱柱压升高，色谱柱性能下降，色谱行为异常。颗粒物也会造成进样阀的堵塞和磨损，增加泵头内的活塞杆和活塞的磨损。对于紫外检测器和二极管阵列检测器，颗粒引起噪声大，基线不稳，干扰正常信号，影响检测灵敏度和定量准确性。如上影响不仅易损坏仪器设备零部件，造成维护成本高，也严重影响检测性能，因此必须对上机检测前的样品溶液进行去除不溶性颗粒物的处理。

检测标准中对颗粒物的去除采用滤膜过滤和高速离心两种方式。高速离心法操作简便，但颗粒物去除效果不易把握，需要粒度仪评测其效果。检测标准中主要采用的是滤膜过滤法。滤膜选择错误，对检测结果可能造成严重的影响。应针对不同的检测方法和过滤溶液的物理化学性质，选择和使用不同材质、性能和规格的滤膜。

（1）滤膜筛分孔径的选择

常用滤膜的过滤作用原理是机械截留，即截留比它孔径大或孔径相当的不溶性颗粒物。因此，应根据检测仪器的需要选择合理孔径的滤膜。残留检测实验室常用滤膜的孔径通常为 $0.22\mu m$、$0.45\mu m$ 两种。$0.45\mu m$ 孔径滤膜可满足常规高效液相色谱仪（HPLC）对样品溶液和流动相的要求。超高效液相色谱仪（UPLC/UHPLC）则由于色谱柱填料粒径更小，需要选用 $0.22\mu m$ 孔径滤膜才能满足使用要求。

（2）滤膜材质的选择

滤膜材质为高分子聚合物，根据材质性质和适用的溶液极性，滤膜分为水系膜和有机系膜两类。水系膜只能过滤水溶液，严禁过滤有机溶液。有机溶液会使滤膜发生溶解而令颗粒截留失败，并且溶解释放出对液相色谱仪及色谱柱造成损害的物质。水系滤膜使用前常需进行水浸润充分溶胀，以防滤膜使用时贴合不紧密。有机膜用于有机相或者有机相溶液的过滤，如过滤水溶液会导致过滤困难。如果溶液是水与有机溶剂的混合物，应选用有机系滤膜。如果没有合适的滤膜，或者滤膜对药物有明显吸附，可用高速离心法取代膜过滤。常见滤膜种类有如下几种。

①尼龙膜（Nylon）

化学稳定良好，水系有机系通用型，耐受稀酸、稀碱、醇类、酯类、油类、碳氢化合物、卤代烃等多种有机和无机化合物，但盐酸、二氯甲烷耐受不佳。

②聚偏氟乙烯膜（PVDF）

膜机械强度高、抗张强度高，具有良好的耐热性和化学稳定性，具有疏水和亲水两种形式，通用性较好。不耐受乙酸乙酯、丙酮、DMSO、DMF、二氯甲烷、氯仿等部分有机溶剂。

③混合纤维素酯膜（MAC）

孔径比较均匀，孔隙率高，滤速快，吸附极小，使用成本低。不耐有机溶剂和强酸、强碱溶液。

④聚丙烯膜（PP）

化学性能稳定，耐酸碱。

⑤聚醚砜膜（PES）

亲水性滤膜，有高流率、溶出低、强度好的特点。

⑥聚四氟乙烯膜（PTFE）

化学兼容性强，适合水系及各种有机溶剂，耐所有溶剂，溶解性低。可用于所有有机溶液的过滤，特别是其他滤膜不能耐受的强溶剂的过滤。

药物残留检测样品溶液多含有机溶剂，常选用通用性好的PTFE、Nylon及PVDF。

（二）仪器测定

1. 仪器检测的原理

样品经上述提取、净化和浓缩等前处理操作过程后，形成样品溶液，根据检测方法的要求采用相应的检测仪器测定，输出仪器的检测响应。以阴性对照和阳性对照作参照，即可对样品中存在的分析物进行定性和定量。定性的目的是确定样品中分析物是否存在，因此是定量的前提。参照阳性对照样品的响应计算出阳性添加样品及待测样品中分析物的含量值。

2. 分析物的定性

（1）免疫学定性

对分析物的定性是指证明样品中是否存在分析物。定性是通过仪器检测器对分析物的某个或多个专属性强的物理或化学性质（检测参数）的响应测定实现的。所选择的检测参数对分析物而言，专属性越强，检测的响应信号指向性则越强，证明存在该分析物的可信度则越高，即定性能力越强。据此容易理解各种检测方法的定性能力的强弱。对于酶联免疫吸附试验（ELISA）等快速筛查技术来说，定性能力是由抗原抗体结合的特异性强弱决定的。样品前处理后残存的部分基质成分，有可能与抗原或抗体发生非特异性结合，造成假阳性信号，因此该类技术不能作为定性确证技术。

（2）色谱、质谱定性

液相色谱技术对分析物的定性参数同时采用色谱和光谱/质谱两种手段。不仅要求有相应的光谱/质谱检测信号，同时要求色谱保留时间与标准溶液相比，相对偏差不得高于2.5%，因此定性能力强。配备光谱检测器（残留分析常用的有紫外光检测器、荧光检测器）的液相色谱仪，利用的是分析物在分子结构上的某一类结构基团对固定波长光的响应，而基质中仍可有相似结构的化学物质，因此定性的能力仍是有限的。根据欧盟2002/657/CE及我国相关法规规定，以质谱仪为检测器的色谱分析技术可以作为定性确证方法。LC-MS/MS（液相色谱串联质谱）是畜禽产品药物残留定量确证检测的方法，也是各级检测标准采用的主流检测方法。在色谱分离后，离子化的分析物分子（母离子）拥有一定的质荷比（质量数/电荷，m/z），在通过第一级四极杆电场检查后进入碰撞室，母离子碰撞碎裂成若干碎片，从中选择若干来自母离子的带电荷的碎片（子离子），经第二级四极杆电场检查通过，形成检测信号。化合物保留时间、母离子和子离子的存在以及子离子间的丰度比是 LC-MS/MS 质谱定性（确证）的依据。

3. 分析物的定量

根据检测原理和检测标准方法的不同，检测有定性检测和定量检测两种基本类型。快速筛查检测如 ELISA、胶体金等，其测定原理为抗原抗体的亲和，分析药物与基质成分以混合状态完成检测，其定性仅依赖于抗原抗体的亲和能力。结构相似度高的同类药物与抗原或抗体有相近的亲和力，因此这类快速检测技术检测结果有时反映的是同类药物的检出总量。基质中的成分也可能与抗原或抗体有较强亲和力，因此可能出现一定比例的假阳性结果。该类方法仅具有半定量能力，准确度低。为最终确证分析物的存在及定量，样品须采用 LC-MS/MS 等以质谱为检测器的仪器测定。LC-MS/MS 等具有准确定量定性性能的仪器，是目前各层级检测标准方法主要采用的检测设备。

畜禽产品中残留的痕量药物是与种类繁多且含量远高于药物的基质成分（脂类、蛋白质等）混杂存在的。一方面，残留分析通常采用的提取技术是各种液液萃取或固相萃取技术，就原理而言，常见的萃取技术对分析物的选择性是相对有限的，实验操作过程中的称量误差、体积误差等也难以完全避免，因此分析物的萃取不可能实现 100% 的效率，甚至相差较大。另一方面，由于萃取净化的选择性有限，部分基质成分难以完全去除，与分析物共萃取于样品溶液中，可能干扰检测器对分析物的响应（基质效应），抑制或增强分析物的响应信号。仪器状态造成的检测信号的波动也是引起检测准确性降低的原因。这些因素均对检测结果产生严重影响。痕量药物的残留检测以尽可能准确地定量为目标，同时更注重检测规范性和检测结果的可比性，即检测行业内检测方法的规范性、检测结果的可重现性。

为尽量提高检测的定量准确度，可采用合理的校正定量方法提高准确度。为确保检测结果的准确、可靠，检测标准方法文本中对每一次具体的定量检测数据结果均规定了评价指标，包括灵敏度、检出限、定量限、回收率、准确度、精密度等。定量的相关概念如下。

（1）灵敏度（Sensitivity）

样品经过测定方法的全过程能可靠地定性或定量测出药物的最低浓度，通常以检出限和定量限表示。

（2）检出限（Limit of Detection，LOD）

检出限是指将分析物检测信号从背景噪声中识别出来时分析物的最低浓度或量，代表检测的灵敏度。检出限分为仪器检出限和方法检出限。由于基质成分的干扰和前处理效率通常低于100%，两种检出限并不相同。残留检测方法的检出限是指：用某种检测标准方法可靠地将分析物从基质背景中识别或区分出来时分析物的最低浓度或量。信噪比方法是检测限的计算和表达常用方法。对于色谱检测法，信噪比以分析物色谱信号响应强度与背景噪音信号响应强度之比 ≥ 3 来确定检出限。对于LC-MS/MS方法，每一个选择离子均应满足信噪比 ≥ 3 的要求。方法检出限有可能受基质差异的影响。

（3）定量限（Limit of Quantification，LOQ）

定量限是指能可靠地检出并定量的分析物的最低量。同样有仪器定量限和方法定量限之分。方法定量限是指在一定的基质中一定的可信度内，用某一检测标准方法可靠地检出并定量的分析物的最低量。对于色谱检测法，信噪比以分析物色谱信号响应强度与背景噪声信号响应强度之比 ≥ 10 来确定定量限。对于 LC-MS/MS 方法，每一个选择离子均应满足信噪比 ≥ 10 的要求。

检出限和定量限是检测方法灵敏度性能的评价指标。对于禁用药物，超过检出限即应报告检出。对于限量药物，应采用定量限低于最大残留限量的检测方法。

（4）回收率（Recovery）

回收率是指测试结果与参考值之间的一致程度，即样品中的分析物（标准物质）能够被检测出来的比例。药物残留检测实践中，通常采用向空白基质样品中添加已知量的标准物质，再经过提取净化前处理操作后测定的含量值占理论添加量的百分比计算回收率。

（5）准确度（Accuracy）

准确度是指测定的平均值与真值相符的程度。将已知量的分析物加入样品中，即为加标样品。加标样品及未加标样品经同一检测过程得到检测值，加标样品检测值扣除样品检测值后与已知的添加量之间的误差即为该方法的准确度。日常药物残留检测工作中，质控样品设置为平行双样。如选择不含分析物的样品（样品空白）进行加标实验，直接比较检测值与添加量即得到方法的准确度。常用回收率表示方法的准确度，回收率越接近100%，准确度越好。在理想情况下回收率应当接近接近100%，但是实际情况下，前处理过程中难以避免的分析物损失、仪器检测的误差以及基质效应等原因，回收率会有一定的偏差，尤其是痕量检测偏差更易偏高。《兽药残留试验技术规范（试行）》规定了不同添加浓度的回收率原则要求（表2-1）。

表2-1　添加浓度与回收率

添加浓度（mg/kg）	回收率（%）
$P \geqslant 0.1$	80~110
$0.1 > P \geqslant 0.01$	70~110
$0.01 > P \geqslant 0.001$	60~120
$P \leqslant 0.001$	50~120

（6）精密度（Precision）

精密度是指在重复检测条件下，相互独立的平行测试结果之间的一致程度。各检测结果之间越接近，则说明分析检测结果的精密度越高，包括重复性和再现性。精密度反映随机误差的程度。

图 2-8 示意了检测结果准确度和精密度的关系。其中 A 检测结果的数据分散，各数据远离真值，但均值接近真值，因此该检测的精密度差，准确度好（前提是测定次数足够多），造成的原因有人员操作的平行性、仪器重复性差等；B 检测数据分散，且均高于真值，表明精密度、准确度均差，可能由人员操作、仪器稳定性、方法缺陷或理解的偏差等导致；C 检测数值集中，但均高于均值，表明精密度好，但准确度差，由方法缺陷、方法理解错误、计算错误及计量错误等多种因素导致；D 检测数据点集中且检测值接近真值，表明精密度、准确度均好。D 检测是理想的情况，表明检测过程中的系统误差和随机误差都得到了良好的控制。

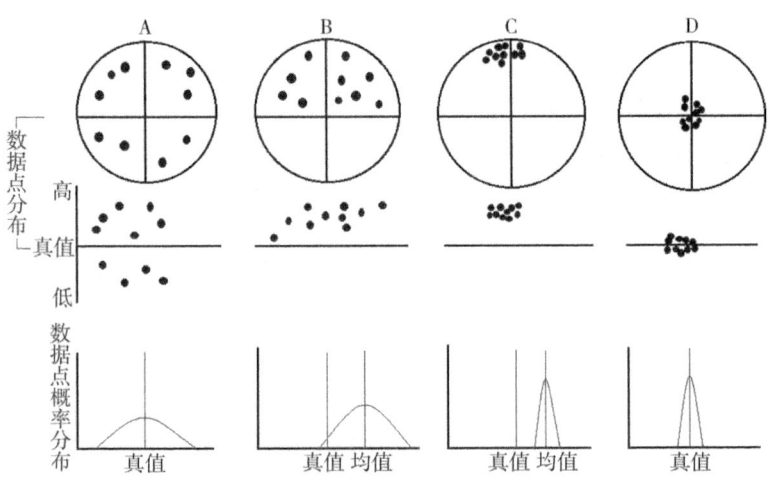

图 2-8　检测准确度与精密度

（7）重复性（Repeatability）

在相同测量条件下，对同一被测量进行连续、多次测量所得结果之间的一致性。重复性条件包括：相同的测量程序、相同的测量者、相同的条件下，使用相同的测量仪器设备，在短时间内进行的重复性测量。检测员日常检测时，采用同一时间内，用同一检测方法，在同样的环境、设备进行一批样品的检测，应考查结果的重复性，即设置平行样品，对检测值、回收率进行一致性评价，方法是计算平行结果之间的偏差。反映的主要是检测员在同一批样品检测时对操作、仪器、环境等过程条件的控制是否尽量一致。《兽药残留实验室质量控制规范》（NY/T 1896—2010）等标准文件中对重复性有明确规定。

（8）再现性（Reproducibility）

在改变测量条件下，同一被测量的测定结果之间的一致性。改变条件包括测量原理、测量方法、测量人、参考测量标准、测量地点、测量条件以及测量时间等。通常只在样品复测或是更换检测人员等情形下需要再现性实验。精密度以变异系数（CV%）表示，也称相对标准偏差（RSD）。随着分析物浓度降低，精密度要求降低。表2-2列出了《兽药残留试验技术规范（试行）》对精密度的规定。批内变异系数反映方法的重复性，批间变异系数评价方法的再现性。

表2-2 不同分析物浓度的精密度要求

分析物浓度	变异系数（CV%）	
（mg/kg）	批内	批间
100	1.5	2.3
10	7	11
1	11	16
0.1	17	26

续表

分析物浓度	变异系数（CV%）	
（mg/kg）	批内	批间
0.01	21	32
0.001	30	45
0.0001	43	64

（9）校准曲线

校准曲线又称校正曲线（Calibration Cuve），是指描述待测物质浓度或量与相应的测量仪器响应量或其他指示量之间的定量关系的曲线。校准曲线包括标准曲线（Standard Curve）和工作曲线（Working Curve）。

对于分析仪器而言，不论检测仪器是紫外光度法、荧光光度法还是质谱法等任何检测原理，其定量基本依据都是被测物浓度与仪器响应信号之间存在严格的正相关关系。就仪器响应而言，理想的情况下这种正相关关系是直线相关，即浓度与响应信号成正比关系。但检测器的响应能力是有限的，在分析物浓度太低情况下，检测器的响应灵敏度不足；浓度太高，超过检测器的响应信号饱和度，均不能准确反映浓度。因此要确保定量的准确性，应首先考查仪器的检测响应的线性范围，样品的响应信号应在此线性范围之内。以溶剂配制一系列浓度的标准物质仪器检测，分别以响应值和浓度为坐标轴绘制的曲线称作标准曲线，反映了此仪器检测该化合物的性能。

对于畜禽产品等基质复杂的生物样品，检测器检测的样品是混合在基质成分中的分析物。基质成分对分析物的检测可能造成干扰，即基质效应，导致同样浓度的分析物其响应值与不含基质的标准溶液样品响应值可能不一致。因此，对复杂基质样品检测时，可考虑基质效应的影响，采用基质匹配的标准溶液考查基质匹配标准溶液的线性范围。也可将各浓度分析物添加到基质空白样品中，经过与待测样品同样的前处理过程后检测生成曲线。这两种曲线均称作工作曲线。

根据检测方法要求，选择相应的校准曲线对检测结果进行校正。校准曲线应至少包含5个浓度点（原点除外），浓度至少覆盖两个数量级，相关系数 r 的绝对值应不低于0.995。校准曲线通常为直线，线性方程为 $Y=aX+b$。曲线的截距和斜率分别代表了准确度和灵敏度。在完全相同的条件下，准确进样与对照品溶液相同体积的样品溶液，根据待测组分的信号，从校准曲线上查出其浓度，或用回归方程计算。校准曲线 Y 轴截距应为零，若截距较大说明系统误差明显，应采取纠正措施降低系统误差。当截距为零且浓度在线性范围内时，可用单点法（直接比较法）定量，否则单点法定量不准确，应采用符合规定的校准曲线定量。

由于前处理操作无法实现对分析物的完全提取，同时操作、仪器甚至样品基质等因素的波动、误差和差异造成的影响也无法完全消除，分析物的检测值偏离参考真值是难以避免的，导致方法的准确度、精确度受到影响。应根据检测的目的要求、检测方法的原理、方法的效率及可能存在的影响因素，选择合理的定量方法，必要时应采用可靠的校准方法加以校正。定量校正方法有外标法、内标法、标准加入法、归一化法等，药物残留检测标准方法中常见的基本定量方法是外标法、内标法两种，以曲线法或单点法校正。为消除基质效应的影响，标准溶液可用溶剂或空白基质溶液配制。

①外标法（External Standard Method）

以已知量的待测物质的标准样品为对照，样品中待测物质的检测响应信号以标准样品的响应信号为参照进行定量的方法称为外标法。外标法分为校准曲线法及单点法。校准曲线法是用对照物质配制一系列浓度的对照品溶液（溶剂或空白基质溶液配制）测定，得到校准曲线方程进行定量，也可用单点法定量。

外标法是药物残留检测常用的定量方法。优点是操作和计算简单，成本低。缺点是由于检测仪器的稳定性（检测器响应、色谱柱温度、流速、流动相比例、进样体积的稳定性）的局限，仪器端引起的误差较大。同时，校准曲线通常以未经前处理的标准样溶液绘制，而待测样品经过前处理操作，分析物在此过程中的损失没有进行补偿，因此定量准确度差。通常采用外标法定量的检测标准准确度的要求较为宽松，添加回收率通常要求在 50% ~ 120%。

②内标法（Internal Standard Method）

选择样品中不存在的物质作为分析物的参比物，以已知量加到样品中，前处理后仪器测定，以标准样和检测样分析物和参比物的响应值进行定量分析的方法称为内标法，通常作为液相色谱法及液相色谱串联质谱法的定量校正方法。内标物应与分析物有尽可能一致的物理化学性质。内标法的原理是，内标物具有与分析物几乎相同的色谱进样偏差、色谱保留性质、基质效应，在前处理过程中二者的偏差也近乎一致。内标物的量已知，由此可以对样品中的分析物的量充分地校正，准确度接近 100%，显著优于外标法。同时，由于以内标物作为参比，检测容易产生误差的环节得以有效补偿，检测精密度也显著优于外标法。

三、药物残留检测技术的分类与作用

（一）检测技术分类

为便于理解各技术的原理及功能，按不同分类依据加以分类。

1. 按检测方法原理分类

（1）理化分析法

理化分析法是采用大型仪器，根据目标分析物的光谱、质谱、波谱等物理特性性质进行检测的方法，主要有液相色谱（LC）、气相色谱（GC）、液相色谱-质谱（LC/MS）、气相色谱-质谱（GC/MS）、色谱-高分辨质谱（如飞行时间质谱、离子阱质谱）等。气相色谱法适用于沸点低、热稳定性好的农药残留分析，液相色谱法则适用于高沸点、热稳定性差的兽药残留分析，在畜禽产品药物残留检测中基本上只使用液相色谱法和液相色谱串联质谱法。检测器为紫外检测仪、二极管阵列检测仪、荧光检测仪等的一般液相色谱法，定量准确，定性能力相对较强。液相色谱-质谱法以串联的双四极杆质谱为检测器，可根据带电荷的准分子离子及其特征碎片的质荷比对分析物进行鉴定，定性的特异性明显强于仅以光谱特征定性的特异性，因此可以作为确证方法。欧盟2002/657/CE指令中规定：仅用色谱分析而不用质谱测定的方法不能作为确证方法。LC、LC/MS/MS等仪器设备价格高昂，环境条件要求苛刻，调试耗时，维护费用高，不适合用于大量样品的检测。高分辨质谱目前仅在筛查检测有少量应用，对于新型未知药物的鉴定发现发挥重要作用。国家各部门颁布的检测标准主要采用液相色谱串联质谱法（LC/MS/MS）和LC，而LC/MS/MS逐渐成为主流。LC和LC/MS/MS均用于药物残留的准确定量检测。LC/MS/MS还可用于其他非确证方法（如ELISA、胶体金、微生物法、LC等）阳性检测结果的确证检测。

（2）免疫分析法

以抗原抗体结合反应为基础的分析技术，主要包括ELISA法、荧光免疫测定法和胶体金试纸条（卡）等。ELISA法最为常用，其根本原理都是抗原（残留药物）和抗体特异性结合，酶标抗体上的酶催化加入的反应底物生成显色产物，通过在相应波长下的吸光度值分析药物的存在和含量。抗原抗体这种结合的特异性是有限的，由于净化过程简单，样品液中种类繁多的基质成分甚至其他药物有可能与抗体结合，从而造成假阳性的结果。同时，同类药物在结构上往往相似，所以均可与抗体产生一定的特异性结合（交叉反应）。因此该法只具有半定量性能，不能用作定量确证方法，定性作用受到限制，仅适用于初步定性筛查检测。

2. 按检测方法性能分类

（1）筛查方法

ELISA及胶体金检测法等，具有快速、简便、成本较低、易操作、对环境要求不高等特点，多用于养殖企业、屠宰厂以及基层畜牧兽医卫生监督部门对大量动物性食品中兽药残留和动物尿液中兽药残留的快速检测。尿液、毛发的快速筛查技术对检测的时效性要求具有重要意义，可将检测提前到动物屠宰之前，使不合格产品在进入市场前即完成安全检测把关。

（2）定量方法

具有灵敏度高、定量准确的特点，用于各兽药残留检测机构进行定性定量分析。如液相色谱法。

（3）确证方法

能对化合物准确定性的检测方法，以质谱法为主。

3. 检测效率分类

（1）低通量分析方法

检测的通量包括药物通量和样品通量。低通量方法一种前处理方法，一般只检测一种或一类的药物，包括酶联免疫方法、胶体金法、液相色谱法等仪器定量方法和确证方法。前处理步骤多、操作烦琐，一次仅能完成少量样品的检测。采用LC、

LC-MS/MS 等大型检测仪器检测的方法，因为仪器对样品溶液的洁净度要求高，同时也受到仪器检测灵敏度的限制，需要对检测样品进行多步骤精细的前处理操作才能满足仪器检测的需要，因而检测耗时长，难以同时完成大量样品的检测。虽然效率低，但可以实现检测准确性、精确度及定性确证准确的功能。

（2）高通量分析方法

一次前处理可以检测多种类的药物，甚至包括十几大种类的上百种药物。包括酶联免疫方法、胶体金法、免疫芯片法等均可实现高通量检测。由于检测通量高，可以大大提高检测的时效性，显著降低人力物力成本。色谱分析能力的大幅提高以及质谱高速采集的性能，使色谱质谱联用高通量检测技术成为可能，未来可能逐渐成为检测方法的主流。有些检测技术灵敏度高，对基质的影响要求较低，对检测的准确性和精密度要求相对较低，前处理操作步骤简单快速，不需要色谱分离过程，可在数分钟至数小时的较短时间内一次完成大量样品的检测。主要包括酶联免疫试剂盒、胶体金试纸条（卡）、免疫芯片等。检测原理决定了该类检测方法仅能实现半定性和半定量目的。在确保不产生检测假阴性结果的前提下，该类方法可以用于短时间内对大量样品的初次筛查性检测。由于前处理净化步骤较简单，基质成分有可能造成较低比例的假阳性结果出现，因此为准确定性和定量（确证），对于筛查的阳性样品必须进一步采用确证检测方法检测才能得出可靠的结论。

根据《中华人民共和国农产品质量安全法》第36条第2款规定，采用国务院农业行政主管部门会同有关部门认定的快速检测方法进行农产品质量安全监督抽查检测，被抽查人对检测结果有异议的，可以自收到检测结果时起4小时内申请复检。复检结果不得采用快速检测方法，而必须用色谱-质谱检测方法复检确证。

(二）各类检测技术的作用与地位

检测技术种类较多，不同的技术原理、性能、操作便捷性、检测效率和使用成本上有很大差异。所有检测技术根据技术性能定位，可概括为筛查技术和定量确证技术两大类。两类技术之间并不能简单地界定高下，而是各有长处与短处，应该根据检测的实际要求、检测机构具备的实际条件加以选择，配合使用，最大限度地发挥检测条件的效能。《中华人民共和国食品安全法》《中华人民共和国农产品质量安全法》等均赋予了快速检测方法的法定地位，规定可以作为监督抽查的检测方法。

快速筛查检测技术检测时长很短，便于短时间内完成大量样品的检测，检测时效性远非仪器确证方法可比。但是快速筛查技术原理决定了其特异性不足，基质引起的抗原抗体交叉反应可能造成一定的假阳性概率。如果被检测者对结果提出行政复议，则复检时必须采用确证检测方法。大型仪器价格昂贵，环境要求苛刻，日常维护成本高，且检测时间过长，不利于大量样品的快速检测。

要兼顾检测可靠性、时效性和降低检测人力物力成本的要求，应该组合使用筛查检测技术和确证检测技术。通常阳性样品只占所有样品的很小比例，因此应首先用快速筛查检测技术对大量样品进行初步筛查，筛查发现可疑的阳性样品数量很少，再以仪器确证方法对可疑样品加以确证，确定真正的阳性样品。同时，为避免因 ELISA、试纸卡等快速检测产品的质量问题造成的假阴性风险（可能造成阳性样品的漏检），在准备采用快速筛查检测技术之前，可用 LC-MS/MS 等确证检测技术对 ELISA、试纸卡等快速检测产品的质量和性能（定性、定量能力）进行验证，确保其符合检测要求。快速筛查技术和定量确证技术因各有显著的优缺点而难以互相替代，二者之间应该

四、畜禽产品残留检测相关药物简介

畜禽产品中的残留药物包括兽药及禁用物质等。兽药是一个法定的概念，即符合《兽药管理条例》《兽用处方药和非处方药管理办法》《兽用处方药品种目录》等国家相关法规文件要求的药物才是法规允许用于动物的兽药。兽药的使用不严格遵守用途和休药期要求，使用法规禁止使用的药物，是造成动物体内药物残留的原因。

本书立足于食品安全检测角度，仅关注具有残留毒理作用的药物。了解各类药物的物理、化学性质知识，是优化选择药物的溶解、储存、样品储存、样品前处理及色谱条件的基础和依据。对各类药物残留的前处理方法作扼要提示。

（一）β-内酰胺类

β-内酰胺类抗生素（β-lactam Antibiotics）是指分子结构中具有 β-内酰胺环结构的一大类抗生素。包括临床最常用的青霉素类和头孢菌素类，以及后续研发的非典型 β-内酰胺类抗生素。药物的靶组织是肾脏和肝脏，体内代谢较快。该类药物是畜牧业使用的最主要兽药种类之一，广泛用于治疗奶牛乳房炎及产后疾病，是生鲜乳中最常见的残留抗生素。其抗菌作用机制是抑制细菌细胞壁黏肽转肽酶的活性，阻止细菌细胞壁的形成，细胞壁破损导致细胞裂解。滥用及畜禽产品中残留的主要危害是造成耐药菌的产生及摄入者严重的过敏性反应。青霉素G是人类最早发现和临床应用最早的抗生素，之后又陆续出现了广谱、耐酸耐酶、长效的半合成青霉素及第三、第四代头孢菌素类药物。β-内酰胺类药物多含羧基，且酸性较强，但难溶于水。临床多用其钠盐或钾盐，易溶于水而难溶于有机溶剂。由于化学结构上的原因，青霉素类稳定性不好，在酸性、碱性、存在某些重金属离子等条件下β-内酰胺环结构易发生断裂而降解。头孢类则相对较为稳定。

青霉素类无特征紫外吸收，需要衍生化改变结构后才可以用于液相色谱-紫外光检测器检测。衍生化需要使用剧毒性的氯化汞且步骤烦琐，因此液相色谱串联四极杆质谱法逐渐成为主流的定性定量检测方法。

生鲜乳中若含有β-内酰胺酶，药物会被降解灭活。生鲜乳中人为添加β-内酰胺酶作为拮抗剂，是不法养殖主体为掩盖违规大量使用该类药物的手段，不仅导致耐药菌株的产生，造成乳品市场造成混乱，药物被β-内酰胺酶分解后的产物也对消费者身体健康带来威胁，因此生鲜乳中β-内酰胺酶检测也是乳品安全监测的重要参数。

（二）氨基糖苷类

氨基糖苷类（Aminoglycosides，AGs）抗生素是由氨基环醇环与一个或多个氨基糖以配糖键连接而成的一类水溶性碱性抗生素，是发现和使用较早的抗生素，常见种类有链霉素、大观霉素、庆大霉素、卡那霉素、安普霉素等。该类药物也是畜牧业使用的主要兽药种类，用于治疗奶牛乳房炎，是生鲜乳中常见的残留抗生素。其抗菌作用机制是作用于细菌核糖体中的RNA结合，引起蛋白质翻译过程中遗传密码读码错误，破坏细菌正常蛋白质的合成而是细菌细胞死亡。残留主要危害是肾毒性、耳毒性及神经肌肉机能的损伤。

在物理化学性质上不同于大多数抗生素，氨基糖苷类抗生素因在结构上含有多个氨基和羟基，极性强，易溶于水，不溶于有机溶剂。这个显著的物理化学性质特点，决定了残留检测的前处理和液相色谱方法的难度较大。通常采用极性强的缓冲溶液提取，而有机溶剂可用于去除基质中弱极性杂质。一般固相萃取难以兼顾多残留药物净化。由于氨基糖苷类没有紫外特征吸收结构，通常选择质谱作为检测器。在一般反相色谱条件下，反相色谱柱难以保留药物，需要在流动相中加入七氟丁酸酐等离子对试剂才可用反相色谱分离，但离子对试剂对质谱检测器易造成难以清除的污染，导致检测器对药物尤其是负离子模式响应信号严重下降。故应尽量避免使用离子对试剂。Hilic等亲水亲脂平衡型色谱柱可以一定程度上实现保留。目前该类药物的检测方法仍不够理想，检测的灵敏度也偏低。

（三）磺胺类

磺胺类药物是具有对氨基苯磺酰胺母核结构的一类防治细菌感染性疾病的人工合成化学药物。该类药物是重要的广谱抗菌药物之一，是养猪常用的抗菌药物，有抗菌谱广、价格低、化学性质稳定、使用方便等特点。其抗菌机理是抑制细菌自身二氢叶酸的合成，进而影响 DNA 的合成。药物在动物体内代谢时间相对较长，残留浓度超过一定水平时可能对人体多器官组织造成危害，也可导致细菌对该类药物产生耐药性。尤其是磺胺二甲嘧啶可能具有"三致"效应，引起了国际组织和各国政府的高度重视。药物种类众多，部分种类名称多样，在选择标准品时应引起注意。

磺胺类药物除磺胺脒呈弱碱性外，其他多呈极弱酸性，几乎不溶于水，乙醇、乙腈、丙酮等极性有机溶剂中略溶或微溶，可溶于稀碱性溶液。钠盐易溶于水，酸性条件下易析出。热、光照条件下不稳定。磺胺类药物结构中含氨基及磺胺基，为酸碱两性药物。前处理提取通常要调适宜的 pH 值，多以含缓冲液的乙腈为提取溶剂。

（四）喹诺酮类

喹诺酮类（4-Quinolones），又称吡酮酸类或吡啶酮酸类，是人工合成的含4-喹诺酮母核结构的抗菌药。萘啶酸为第一代喹诺酮类药物，为提高性能和安全性，迄今已研发出第四代喹诺酮类药物。第三代之后的喹诺酮类药物在药物母核上引入氟原子，统称为氟喹诺酮类药物，药效更强，抗菌谱从革兰氏菌扩大至支原体、衣原体及细胞内致病菌，已成为最广泛使用的主要抗生素种类之一。喹诺酮类药物抑制细菌的脱氧核糖核酸DNA拓扑异构酶及促旋酶活性，进而使细菌DNA复制合成受阻，实现抗菌效果。药物残留一般不对人体造成急性危害，如果长期食用含有兽药残留的畜禽产品，可能对胃、肠、肝脏以及中枢神经造成损害，软骨发育不良而影响儿童生长。长期残留高可能有"三致"作用。在饲料中添加抗生素类药物会导致细菌的耐药性增强。动物大量长期滥用，可造成耐药菌产生。

喹诺酮类药物分子中含有羧基和碱性含氮基团，呈较弱的酸碱两性。不溶于非极性有机溶剂，稀酸或稀碱中易溶，盐形式易溶于水，光照可降解，能络合金属离子。样品检测前处理通常采用含EDTA缓冲液的乙腈等极性有机溶剂作为提取剂。

（五）四环素类

四环素族抗生素是一类具有菲烷（氢化并四苯）母核结构的抗生素，第一代四环素、金霉素、土霉素均为放线菌产生的天然抗生素，强力霉素（多西环素）为人工合成的第二代药物。该类抗生素抗菌机制是通过与细菌核糖体30S亚基特异性结合，阻断细菌蛋白质合成过程。抗菌谱广，对衣原体、支原体和立克次氏体也有效。该类药物能螯合夺取人体中钙，影响骨骼发育，也可能造成过敏反应及消化道损伤。容易产生病原体耐药性。

四环素族抗生素难溶于水，易溶于甲醇、酸或碱溶液。盐形式药物的水溶性及稳定性好。在酸性、碱性、光照条件下容易降解，易被空气中的氧气氧化，因此应严格控制储存、前处理操作的条件。金霉素稳定性较差，强力霉素稳定性相对较好。对钙离子等二价金属离子有很强的螯合活性，易形成不溶的沉淀。因此样品前处理过程中必须选择含 EDTA 等螯合剂的提取液，以降低药物的损失。

（六）酰胺醇类

酰胺醇类又称氯霉素类，是含有 1- 苯基 -2- 氨基 -1- 丙醇结构的一类广谱抗生素。氯霉素是微生物产生的天然抗生素。甲砜霉素、氟甲砜霉素（氟苯尼考）是经人工改造的第二、第三代酰胺醇类药物。抗菌机制是通过与细菌核糖体 50S 亚基特异性结合，阻断细菌蛋白质合成过程。抑菌性广谱抗菌药，低浓度抑菌，高浓度杀菌；对革兰氏阴性菌有较强的杀灭作用，对革兰氏阳性菌作用较弱；对支原体、衣原体、立克次氏体有效。氟苯尼考最不易产生耐药性。氯霉素可导致人再生性障碍贫血和免疫抑制，因此残留危害大。甲砜霉素是氯霉素经人工改造合成的，消除了再生性障碍贫血副作用，但引起的免疫抑制副作用比氯霉素更强。氟苯尼考无再生性障碍贫血副作用，且更易通过体内的血液屏障，药物半衰期长。

氯霉素易溶于甲醇、乙醇、丙酮、丙二醇及乙酸乙酯，微溶于水、乙醚及氯仿，不溶于石油醚及苯。化学性质非常稳定。甲砜霉素、氟甲砜霉素在二甲基甲酰胺中易溶，在无水乙醇中略溶，在水中微溶。

(七)硝基咪唑类药物

硝基咪唑类药物是一类具有硝基咪唑环结构的人工合成的抗菌化合物。主要包括甲硝唑（MNZ）、二甲硝唑（DMZ）、异丙硝唑（IPZ）、塞可硝唑（SCZ）、奥硝唑（ONZ）、替硝唑（TNZ）和洛硝哒唑（RNZ）等。二甲硝唑（DMZ）和洛硝哒唑（RNZ）可以水解为羟基二甲硝唑，甲硝唑（MNZ）水解为羟基甲硝唑，异丙硝唑（IPZ）水解为羟基异丙硝唑。硝基咪唑类药物具有强大的抗厌氧菌作用，同时也有强大的抗原虫活性。抗菌机制是药物进入细菌细胞后形成的衍生物，与细菌 DNA 作用，导致细菌 DNA 螺旋损伤、断裂、解旋，导致细菌不可逆的死亡。该类药物及其代谢物对哺乳动物有"三致"作用和遗传毒性，许多国家均禁止其在动物源性食品中使用。

该类药物为弱碱性、中等极性化合物，碱性条件下不稳定，遇光易分解，易溶于甲醇，微溶于水，酸性水中可溶。可在弱碱性条件下用乙腈或乙酸乙酯提取。

(八)硝基呋喃类药物

硝基呋喃类药物是一类含呋喃环母核结构，在其 5 位为硝基，2 位为不同取代基的一类人工合成的广谱抗生素，也具有良好的抗原生动物活性，不易产生耐药性。包括呋喃唑酮、呋喃它酮、呋喃西林和呋喃妥因，其代谢产物分别为 3-氨基-2-唑烷基酮（AOZ）、5-甲基吗啉-3-氨基-2-唑烷基酮（AMOZ）、氨基脲（SEM）、1-氨基-乙内酰脲（AHD）。药物作用机理可能是多重机制，药物及代谢产物在细菌内引起复杂的多重反应，破坏细胞内多种大分子物质，并直接介导破坏 DNA；抑制细菌的乙酰辅酶 A，阻断碳水化合物代谢；破坏细菌壁。因药物及其代谢物有严重的神经损伤和致癌毒性，国际上及我国已将该类药物列为人及动物禁用药物种类。

药物在动物体内代谢快、半衰期短，因此检测以其代谢产物为残留标志物。代谢物可溶于水、甲醇等极性有机溶剂。代谢物组织蛋白以较稳定的共价结合形式存在，因此前处理首先要实现残留物的水解，通常用稀盐酸水解的方法。代谢物为分子量100左右的化合物，不利于实现质谱法检测定性定量准确性的要求，因此水解后加入2-硝基苯甲醛（2-NBA）在水浴中反应生成分子量大的衍生化产物，作为仪器可直接测定的化合物。酸水解和衍生化是决定样品前处理成败的关键步骤。

（九）大环内酯类药物

大环内酯类药物是一类含有大内酯环母核结构的天然或半合成抗生素。第一代药物红霉素为链霉菌产生的天然药物。为扩大药物的抗微生物谱及改善药物水溶解性、稳定性等性能，相继研发了人工合成的种类，常见有竹桃霉素、吉他霉素、螺旋霉素、罗红霉素、阿奇霉素、克拉霉素、泰乐菌素、替米考星、阿维菌素等。药物作用机理是药物不可逆结合到细菌核糖体50S亚基，抑制细菌蛋白质合成。经常食用含该类药物残留的食品易感个体可出现药热、皮疹等过敏性反应，重者可引起过敏性休克。药物残留在体内蓄积，可造成前庭和耳蜗神经损害，还可以造成心、肝及肾损害。

大环内酯类因母核大小、分子上配糖基及其他基团的差异结构，物理化学性质差异较大。弱碱性或酸碱两性，易溶于酸性水溶液和极性溶剂，如甲醇、乙腈、乙酸乙酯等，但其水溶液稳定性较差。提取液应避免过酸或过碱以保护药物的稳定性。对二价金属离子有螯合活性，前处理时常选择含EDTA等螯合剂的提取液。多以含EDTA缓冲液的极性有机溶剂为提取溶剂，乙腈较为常用。

(十)苯并咪唑类药物

苯并咪唑类药物是一类含有苯并咪唑母核结构的人工合成驱虫类药物,主要有芬苯达唑、阿苯达唑、奥芬达唑、氟苯达唑、多菌灵等。该类药物驱虫谱广、驱虫效果好、毒性低,被广泛应用于动物寄生虫的治疗,且因具有杀霉菌剂活性而应用于农产品的储存和运输。抗虫作用机理是主要与虫体的微管蛋白选择性结合,抑制微管增长,引起微管的损伤,阻止微管组装的聚合,从而影响虫体的消化和营养吸收,干扰虫体的能量代谢。部分药物对动物体有致畸和胚胎毒性,对人类也可引起与动物类似潜在危害。

该类药物为弱碱性、中等极性物质,在多数有机溶剂和纯水中难溶,可溶于无机酸、甲酸和乙酸溶液、强碱性溶液,稳定性较好。与体内蛋白形成的轭合物残留比较高,需先用 β-葡萄糖苷酸酶和芳基硫酸酯酶酶解或强酸水解后提取。可在偏碱 pH 条件下用乙酸乙酯提取,或用乙腈提取。

(十一)聚醚类抗生素药物

聚醚类是一类具有环醚结构的离子载体抗生素。目前常见种类有莫能菌素、马杜霉素、盐霉素等,大多为由链霉菌等真菌发酵次生代谢产生的天然药物。聚醚类是抗球虫的主导药物之一。作用机理是:作为类似细胞离子载体通道活性,导致细胞生物膜两侧的生理阳离子浓度梯度的改变,细胞大量吸水胀裂死亡;细胞膜内外离子的异常转运也使细胞消耗大量 ATP,导致细胞因能量枯竭而死亡。动物源性食品中残留的药物可通过食物链传递给人,中毒主要为横纹肌溶解症,严重时可引起脏器功能衰竭。

聚醚类呈弱酸性,为低极性的疏水性化合物,游离酸或盐形式具有相似的溶解性，不溶于水，大多数有机溶剂中易溶。酸性条件下不稳定。常用乙腈、甲醇作为提取剂提取，硅胶柱固相萃取净化。

（十二）β_2受体激动剂类药物

β_2受体激动剂是一类具有苯乙醇胺母核结构，能够结合并兴奋肾上腺素受体，产生肾上腺素样作用的药物总称。肾上腺素、去甲肾上腺素为内源性$\beta 2$受体激动剂。兽药残留涉及的是人工合成的结构类似物，根据苯环上取代基的不同可分为苯胺型（克伦特罗、莱克多巴胺、溴布特罗、马布特罗、马喷特罗、塞曼特罗等）、苯酚型（沙丁胺醇、吡布特罗等）和苯二酚型（如非诺特罗、特布他林等）等大类，文献可见的品种多达数十种。药物的作用机理是结合并兴奋分布在呼吸道平滑肌上的β_2受体，产生支气管扩张作用，具有松弛支气管平滑肌、增强纤毛运动和促进痰液排出的功能，是哮喘急性发作的首选药物，能迅速改善呼吸困难、咳嗽等症状。主要用于人和动物的支气管肺炎等呼吸系统疾病的防治，但大剂量使用可以明显地促进动物生长、提高胴体瘦肉率、减少脂肪沉积和提高饲料转化率，因此曾长期作为生长促进剂广泛用于动物养殖业。长期使用该类药物，易在动物性产品中蓄积，对食用者的安全造成潜在的危害，易引起体质较弱及心脏功能差者心律失常、呼吸困难和肌肉震颤等急性中毒症状，对高血压及心脏病患者甚至危及生命。该类药物也是运动员禁用的药物。各国均规定养殖业禁用或限用该类药物，我国规定在食品动物中严禁使用该类药物。

由于苯环和氨基上取代基的多样性，药物的极性和酸碱性等物理化学性质差异明显。呈弱碱性（苯胺型）或酸碱两性（苯酚型）。溶于多数极性或中等极性溶剂，如甲醇、乙酸乙酯等。pH 值对不同药物在不同溶剂中的溶解性影响较大。苯酚型药物（如沙丁胺醇）在动物体内以较高比例形成硫酸酯轭合物和葡萄糖苷酸轭合物，因此前处理时必须先用酶解、酸水解或碱水解的方法将轭合物转化为药物原形。通常在水解后，通过 pH 值调节至碱性，采用乙酸乙酯、叔丁基甲醚、异丙醇等极性有机溶剂提取，阳离子型固相萃取柱净化。

（十三）甾类同化激素药物

甾类同化激素药物广义上有同化作用的激素成为同化激素。根据结构特点的不同，有非甾类（如己烯雌酚、玉米赤霉醇等）和甾类两类。甾类同化激素是含有甾体母核（环戊烷多氢菲）基本结构，具有同化激素活性的一类化合物。由于甾类同化激素在物理化学性质上相近，本书将雄激素、雌性激素（雌激素和孕激素）和糖皮质激素合并介绍。此外还有内源性和种类众多的人工合成同化激素。该类激素作用于动物细胞专一性受体，促进同化代谢过程，肌细胞增生，降低脂肪比例，还可抑制发情和避孕。用于动物养殖，低剂量即可提高基础代谢，改善饲料转化率，提高瘦肉率，促进生长。对反刍动物促生长效果尤为显著。食用有甾类同化激素残留的动物性产品，可引起人体正常激素的失衡，导致性征异常，生殖系统功能障碍，甚至诱发肿瘤。长期摄入雌激素会导致儿童性早熟、抑制骨骼发育，危害严重。甾类同化激素也是体育竞赛禁用的主要药物。我国禁止将甾类同化激素用于养殖动物促生长的目的。

甾类同化激素具有相似的理化性质，多为弱极性，难溶于水，易溶于氯仿、二氯甲烷和乙酸乙酯等极性有机溶剂。在动物体内可形成轭合物形式，应先用酶解、酸水解或碱水解的方法去轭合。常用乙酸乙酯、叔丁基甲醚、甲醇或乙腈等极性有机溶剂提取，疏水性固相萃取柱净化。因多为弱极性化合物，正己烷除脂可能造成回收率减低。沸点较低，浓缩吹干时温度应偏低，降低气流强度。

（十四）镇静作用类药物

镇静作用类药物泛指具有抑制应激反应对动物起镇静作用的药物，根据结构与药理学差异，主要包括 β 受体阻断剂类和镇静剂类。该类药物泛指对大脑皮层有抑制作用，减少某些器官或组织活性，抑制中枢神经系统以起镇静作用的一大类药物。β 受体阻断剂类是具有芳氧丙醇胺或芳基乙醇胺基本结构的一类化合物，常见有美托洛尔、阿替洛尔等。镇静剂类药物母核结构有明显不同，据此分为吩噻嗪类、苯二氮卓类和巴比妥类，常见有地西泮、氯丙嗪、巴比妥等。作用机理是药物结合到中枢神经相应受体，抑制应激性反应激素的分泌，对动物起到抑制应激的镇静作用。畜禽养殖中添加该类药物，能达到镇静催眠、增重催肥、缩短出栏时间的作用，在动物运输过程中使用该类药物可减少应激，降低动物死亡及体重下降，防止肉品质降低。该类药物及其代谢产物残留于动物性食品中，人食用后可能引起中枢神经系统功能异常、肾脏损伤、成瘾性等危害，孕期使用也可能造成婴儿畸形，高浓度可造成急性中毒甚至死亡。因此许多国家都将该类药物列为禁用药物，我国规定严禁在动物饲料和饮用水中使用此类药物，是动物性食品中不得检出的药物。

因药物结构差异较大，β 受体阻断剂类和镇静剂类药物溶解性也明显不同，多数溶于极性有机溶剂。镇静剂类药物在动物体内可形成轭合化合物，须选择适宜种类的酶水解之后再提取。药物均为含氮的弱碱性化合物，通常选用乙酸乙酯、异丙醇、甲醇、二氯甲烷等极性或弱极性有机溶剂作为萃取剂，液-液萃取时，可通过调节酸碱度提高萃取效率。

参考文献

李俊锁，邱月明，王超，2002.兽药残留分析［M］.上海：上海科学技术出版社.

庞国芳，等，2007.农药兽药残留现代分析技术［M］.北京：科学出版社.

唐英章，2004.现代食品安全检测技术［M］.北京：科学出版社.

中国兽医药品监察所，2003.欧盟动物源食品安全管理法规［M］.北京：中国农业科学技术出版社.

第三章　检测人员实验室操作过程控制

从检测实验室检测人员的角度，介绍实验室内日常检测操作完整过程的控制要素与环节。检测之前检测人员应对"人、机、料、法、环"等要素条件进行充分的检查和准备，判断检测条件是否充分，是否处于正常受控状态，是否符合规范性要求。发现有不符合情况应立即终止检测活动。

第一节　检测人员检测实操前准备

一、文件准备

检测开始前，应准备如下文件和表格，确保文件完备、受控，放置相应位置使用方便。

（一）检测方法文件

1. 检测标准

检测方法文件是开展检测的基本技术文件，根据检测工作的性质要求及检测室条件的不同，可以采用的检测方法有法规文件（农业农村部公告）、国家标准（GB、GB/T）、行业标准（NY/T、SB/T、SC/T）、地方标准、团体标准等检测标准及客户指定的方法，科技文献、实验室内部制定的方法等非标准方法。如检测任务有 CMA 资质要求，检测方法均必须经过验证、审核及批准，并加盖质控章。

检测通常优先选择国家标准和行业标准。选择标准方法先要考虑本机构是否具备标准要求的实验室设备等条件。还应注意以下几点以确保检测标准选择的正确。一是确保检测标准必须现行有效。检测标准体系始终处于发展变动中，伴随着新标准的颁布和旧标准的废止，可以通过国家标准化管理委员会、中国标准信息网、食典通及食品伙伴网等资源查新。二是确保检测标准的技术性能和范围满足检测的要求，避免超范围使用。标准文本中有适用范围条目，包括该检测标准可以检测的样品类型及检测药物的种类。标准方法的灵敏度必须满足检测的要求。三是该检测标准方法必须在本检测机构具有资质的检测参数范围内，尚不具有资质的标准方法应经过验证并在扩项评审获得资质能力后方可采用。应使用加盖本机构受控资质标志的检测标准。四是检测人员是否经过检测方法的培训并被授予相应采用该标准方法开展检测的能力资质。

2. 检测标准操作规程

通常为了避免过强的限制而降低标准的适用性，检测标准文本中的操作过程、部分设备和试剂耗材等内容表述较为简略，仅提供关键的指导性或参考性内容，因此可操作性明显不足。同时，不同检测人员对检测标准的理解均有差异，只按照标准文本操作，检测结果的再现性通常难以保证。应针对该检测标准制定编写本实验室的标准操作规程（SOP），确保不同检验人员按照 SOP 开展检测操作，检测结果具有良好的重现性。SOP 虽由检测机构内部制定，但其必须经过实验验证，且必须有本机构的质控标志。制定 SOP 的规范要求可参照 GB/T 33464-2016。

（二）原始记录表格

检测原始记录文件应为受控文件，一般设计为表格的形式，以便于检测人员在检测过程中都能准确无误地填写基本要素，以确保检测结果的可追溯性。检测原始记录表格的内容信息可参照 GB/T 27025—2019《检验检测机构资质评审准则》及行业的同类标准。

原始记录表格必须始终伴随检测活动的全过程，以确保在检测进程中能及时、准确记录各操作步骤的信息，避免事后补填。检测人员必须使用受控的原始记录表格，不得随意修改格式，如需修改必须经相关质量负责人审核批准后方能使用。

此外，在检测过程中有些信息与本次检测过程密切相关，包括样品称量、检测仪器使用、标准溶液的配制、稀释和领用等信息，也是原始记录的必备信息，是确保检测活动完整量值溯源和追溯链条的组成部分，因此不可缺失。通常这部分信息有专门独立的技术文件表格，实质上是原始记录的一部分，检测人员应视同原始记录，检测前应检查是否完备，检测时应及时填写。

二、试剂耗材

（一）试剂

选择、使用的化学试剂是否正确直接影响到检测的成败、准确度的高低及实验的成本，应严格按照检测标准要求选用相应等级的试剂。通常药物残留的前处理采用分析纯试剂，样品溶解液、色谱流动相则应用色谱纯试剂。水也是检测分析常用的重要试剂，实验室可用纯水仪自制一级水、二级水，也可以用市售的纯度高的纯净水，但均需经过核查验证合格。检测实验室首次使用新批次试剂，应按照试剂核查规程要求对购买的试剂进行核查监督，判断试剂是否影响仪器的稳定运行，是否干扰待测物质检测信号响应，满足要求后才能启用。

（二）标准物质

具有准确量值的测量标准，是具有一种或多种足够均匀并已确定特性值的，用于校准设备、评价测量方法或给材料赋值的材料或物质。残留检测必须尽可能使用有证标准物质（Certified Reference Material，CRM）。CRM是指附有由权威机构发布的文件，提供使用有效程序获得的具有不确定度和溯源性的一个或多个特性值的标准物质。只有有证标准物质提供的认定值或标准值才能够用于校准、为其他物质赋值以及测量正确度确认，并通过其使用来声明测量结果的计量学溯源性。溯源性是通过一条具有规定不确定度的不间断的比较链，使测量结果能够与规定的参考标准，通常是国家计量标准或国际计量标准联系起来的特性。

配制标准物质溶液，必须确保有证标准物质在标识的有效期内，包装完整且储存条件符合证书要求，纯度及规格满足检测标准要求。如含结晶水或者盐基，应予以扣除后计算得到配制终浓度。填写标准物质领用记录表格，称量时应及时准确填写配制记录表格及天平使用记录表格。领用之前配制且在有效期内的标准储备液，进而稀释成标准工作溶液，应填写稀释配制记录。

（三）非试剂类耗材和器具

非试剂类耗材包括玻璃器皿、实验用气体、仪器专用耗材等，其规格、品质和状态对确保检测结果的准确性可靠性同样十分重要。容量瓶、移液管、吸量管、移液器及天平等量器是直接参与检测定量和量值溯源链条的环节，因此要求量器必须经过检定（校准）合格且在检定（校准）有效期内才可以使用。使用前应验看量器上的检定标签上的有效期，检定（校准）证书中检定（校准）量程等内容，是否洗涤洁净，符合要求方可使用。实验用的氮气、氩气等的纯度规格也必须满足检测方法和仪器的要求。

三、环境条件

检测实验室的温度、湿度、通风、照明等环境条件对检测过程的多个环节均可能有较大影响，影响检测结果的准确性和重现性，也可对检测人员的身体健康造成损害，因此环境条件必须按照标准规范控制。环境条件的控制有一般性的通用要求，如 GB/T 27404—2008、RB/T 047—2020 等标准的要求。实验室应有检定合格的温湿度计及控制温湿度的空调等设备，以及通风橱、洗眼器等设备。不同的检测仪器有具体的要求，参照仪器操作说明加以控制。

四、仪器

检测前应检查检定状态标签，确保在检定有效期内。为保证两次检定期内仪器的良好状态，根据使用频率及环境条件的变化等因素，应按照仪器期间核查程序对仪器的技术指标进行期间核查，判断是否处于良好状态，核查不合格的仪器不能使用。仪器开机后，各部件均需要有充分的预热平衡过程，使设置的仪器各参数均达到稳定状态后再开始进样检测，这样才能保证仪器的运行平稳，检测信号稳定，数据可靠。可以通过标准样品连续进样的重复性判断仪器状态是否稳定。

五、样品

样品的代表性、有效性和完整性将直接影响检测结果的准确度。待测样品的状态和信息关乎检测结果的可靠性，也关系到检测结果可追溯性。在检测任务下达给检验人员时，样品应与样品流转单同时下达。下达给检测人员的样品通常为经过匀浆均质后的样品，包装表面应有"待检"状态样品标签。检验人员应对照样品流转单中的样品信息，检查样品的包装是否完整，标签信息是否有唯一性且清晰完整，状态是否正常，数量是否足够，样品信息是否与流转单一致，检查指定的检测方法对样品种类和检测项目的适用性是否符合。如发现上述检查项目有异常之处，应拒绝接收样品开展检测，应与检测客户达成处理决定。检测完成后，样品应与流转单一同流转回下样部门人员，不得随意处理。

第二节 检测人员检测实操过程控制

在检测开展前的准备工作完成后，检测人员方可开始样品检测的实际操作。实操过程的各环节同样需要在严格规范的控制之下，以确保本批次检测活动的可靠。

一、质控样品设置

检测质控样品设置的目的是检验本批次检测的效果是否满足检测的要求,即灵敏度、准确度和精密度是否符合方法要求,从而判断本次检测操作的质量,本次检测结果是否可靠可信。不设置质控样品则对本次检测操作成功与否无从判断。通常质控样品包括空白样品和阳性控制样品两类。

(一)空白控制样品

包括试剂空白、标准溶剂空白和样品空白。试剂空白是指检测过程中采用的提取试剂,经过与样品相同的检测处理步骤。目的是排除该类试剂可能造成的检测干扰。标准溶液空白是指配制标准溶液的试剂,排除试剂对检测的干扰。样品空白是与样品基质一致或充分近似且不含目标分析物的样品,目的是评价检测方法的回收率及精密度。

(二)阳性控制样品

指在已知基质信息的样品中加入已知量目标分析物后形成的样品,即加标回收样。设置阳性控制样的目的是通过平行检测结果,评价该次检测操作的准确度和精密度。

质控样品设置得平行越多,准确度和精密度的评价越可靠。日常采用的标准方法均已经过实验室严格规范的方法验证和确认并获得资质,因此质控平行样数量要求至少 2 个平行即可。若无异常检测结果出现,试剂空白、标准溶剂空白通常不用设置,仅设样品空白。待测样品一般也设置 2 个平行即可。

设置质控样品时,应注意空白样品基质组成尽量与待测样品接近。

二、操作平行性

检测操作动作的平行性即一致性对检测结果的准确度尤其是精密度至关重要。在一批次的检测活动中,必须尽可能确保包括质控样品在内的所有样品的操作一致。样品称量,移液量,温湿度,振荡、混匀和离心的强度与时间,浓缩的温度与速度等操作等环节应尽量保持一致。外标法受操作平行性的影响大于内标法。

三、技术记录

检测人员在检测全部过程中可能涉及的样品接收流转、环境条件、称量、移液及仪器的使用与核查等环节均受到严格的实验室内质量控制,这些环节所涉及的参数信息均与检测的可追溯性及计量溯源密切相关联。检测人员检测工作中涉及的技术记录包括样品流转卡、原始记录、标准品(溶液)领用记录和配制记录、称量天平使用和称量记录、检测仪器使用记录、温湿度记录、期间核查记录等。必须按照质量体系文件的要求,及时、完整和准确地记录,禁止漏填或事后填写。

四、检测误差的概念与来源

检测误差是指检测结果减去被检测的真值,即检测结果与被测真值之差。在日常检测工作中,虽然采用经严格验证的标准检测方法,仪器设备检定合格有效,有环境条件满足检验要求,检测操作人员具备资质,但是检验结果也无法实现完全一致。即使在检测人员、检测样品、检测时间及检测设备和环境条件相同的情况下检测，其平行检测结果也不会完全一样，存在各种差别，在测得值与真实值之间总是或多或少地存在差异，即检测误差。误差是客观存在的，用它决定了检测结果的准确度，误差越小，检测结果的准确度越高。第二章中准确度、精密度、重复性和再现性等概念是与检测误差相关的概念，是误差大小和影响的度量。检测过程的各种质控方法和措施都以尽可能减小误差为最终目标。首先应该认识检测误差的种类、含义与性质，分析揭示各种误差产生的原因，才能有针对性地提出避免或减小误差的质控措施。

检测结果体现的误差是多种原因共同集合而成的。按照误差产生的原因、趋势和纠正方法等特点，分为系统误差、随机误差和粗大误差三类，它们是检测总误差的分量。

（一）系统误差

系统误差又称规律误差、可测量误差，是指对于同一个被测量的在多次测量的过程中，保持恒定或以可预知的方式变化的测量误差。从定义可见系统误差又分为误差值基本恒定的（正值或负值）系统误差，即固定值的误差；误差值以确定的规律随某些测量条件的改变而变化的误差，即随条件变化的系统误差。系统误差用回收率表示，即它是检测准确度的表现。

由定义可知系统误差表现的特点是偏离真值的方向性（正值/负值）是固定可预知的，对检测结果的影响是较为固定的，因此无法通过重复测定的办法消除系统误差。系统误差是由检测过程中某些始终存在的固定化的原因引起的，因此是可测的，在发现产生的原因后可以通过改进而消除或降低系统误差。系统误差的主要来源有如下几类。

1. 检测方法

对于复杂基质中痕量水平药物残留的检测而言，大多数标准检测方法只需要满足一定的准确度和精密度即可,即从方法源头上即允许一定程度的系统误差存在,这是检测方法本身不可避免存在的固有缺陷。从原理上讲,在样品前处理的提取和净化往往需要在提高回收率和洁净度之间折中,回收率必然有所牺牲。比如萃取液体积有限导致的萃取效率不足,固相萃取效率的不足,基质效应强而没有有效地消除措施等。这是固定的系统误差,在制定标准方法前提下,一定程度的系统误差是允许存在的。

2. 仪器误差

由仪器设备精密度不足引起的误差,如天平、移液器、容量瓶等量器。由检测仪器响应的单向漂移引起的误差,如色谱柱的污染、离子源的污染导致的信号漂移。因此,量器和检测仪器的检定与核查非常重要。

3. 试剂耗材误差

化学试剂及水的纯度不足,含有干扰检测的杂质,都会引起检测结果的偏高或偏低。离心管密封性及对分析物的吸附,固相萃取柱品质性能不足,也会造成一段时间内系统误差的产生。每一批试剂耗材均应进行实验核查。

4. 操作误差

检测人员因对检测方法的理解有偏差导致操作不当、不规范引起的误差。如振荡强度过高引起乳化造成分析物的损失,时间过长导致稳定性差的分析物的降解,这些都是按个人的理解和习惯而进行的操作。因此,检测方法的操作规程对操作的表述应尽量细致准确,尽可能减少检测操作人员的理解偏差。

(二)随机误差

随机误差又称偶然误差、不定误差。是指在同一量的测定过程中,以不可预知的方式变化的测量误差。它引起对同一量重复测量各结果之间的差异,常用标准差表示,因此是检测精密度的表现。随机误差具有误差方向的可变性(偏高或偏低均随机发生)的基本特点。随机误差不可避免,但可以降低。由于误差大小及方向的随机性,可以通过增加重复检测次数互相补偿。多次重复检测得到的平均值更接近理论值,即可以提高准确度,但精密度可能并未提高。

检测实验室内随机误差产生的来源主要是一些偶然变化的轻微因素造成的,如噪声干扰(包括外界噪声、仪器内部器件和零部件产生的噪声)、电磁场微变、气流扰动、温湿度波动、地面微震等环境扰动,检测人员操作稳定性的微小差异。因此,保持检测环境条件和设备运行的稳定性、检测人员熟练而严格的规范性操作以及增加平行检测,是降低随机误差的主要措施。

(三)粗大误差

粗大误差又称粗差,过失误差。是指明显超出预期的误差,即测量值明显超出理论值的误差。其测量值是统计的异常值(离群值)。产生粗大误差的原因有主观因素,也有客观因素。例如,由于实验人员的疏忽、失误,造成记录时的错读、错记、错算,电压不稳导致的检测仪器波动等原因,导致检测结果异常。含有粗大误差的检测结果为离群值,应按照相应规定予以剔除。若样品平行设置不足,应重新检测。日常检测工作,仅设置少量平行,粗大误差难以发现,因此危害较大,属于检测事故。在主观方面,应加强对检测人员的技术培训和检测的监督力度,检测人员自身应增强检测工作的责任意识,熟知检测操作中易发生粗大误差的环节,在检测工作中始终秉持认真细致的工作态度。对于仪器状态不稳等不易发现的客观原因,可增加仪器维护与核查以确保仪器的良好状态。增加平行检测,可以帮助发现含粗大误差的检测异常值。

上述仅就检测人员在实验室内的检测操作可能造成的误差进行了分析。实际上，样品、标准物质等的质量控制也会带来误差。例如样品的均一性、代表性、检测样与复检样的差异等也会造成批间误差。使用不同批次的标准物质或溶液之间也可能有差异。检测人员应对自己负责的全部环节加以控制，降低误差风险。

五、数据处理与原始记录填写

检测原始记录是描述检测活动全过程的实验室技术记录的重要记录凭证，是可追溯性的依据，是出具最终检测报告的数据凭证，具有严谨的客观性与科学性。检测报告的质量受检测原始记录真实性、完善性和准确性的影响，因此必须保证检测原始记录的规范、准确。检测人员应高度重视原始记录的填写，掌握原始记录内容、数据处理和填写的规范要求，这是检测人员应尽快具备的基本功。

（一）原始记录的要求与内容

1. 原始记录的基本要求

原始记录格式必须为本机构有效、受控且唯一的版本。为确保检测结果具有可追溯性，原始记录必须满足原始性、真实性、及时性、准确性、完整性、规范性的要求。质量记录的要求"写所需，做所写，记所做"的原则同样适用于技术记录，以确保在重复条件下能复现检测结果。观察结果和数据应在产生的当时予以记录。除后续可根据实施进一步的计算步骤外，不得事后回忆追记，不得另行整理誊抄。如已记录的数据与信息发现有误读、误写等错误需要修改，应按规范划改，在需修改信息处以双实线覆盖，在其空白处填写修改后信息，并在下方签字或加盖人名章。原始记录应真实无误地填写仪器、试剂耗材、环境及实验操作条件。原始记录的内容应完整地体现检测依据、项目、方法、数据和必要的过程数据，保证检测人员再次检测时根据原始记录提供的信息能够重复出来。

2. 原始记录的内容

（1）检测标准

原始记录文件中应明确写明检测依据的标准名称或代号。检测依据可以是现行标准、客户指定的标准（非现行标准、企业标准等）、客户自定的测试方法等。当客户对检测的特殊要求与标准相偏离时，应在检测依据栏或原始记录的相关位置进行描述。

（2）检测项目/参数

当检测项目是检测依据的全部内容时，检测项目可不必全部列出，写明"全部项目或全部参数"即可。如果检测项目是检测依据的部分内容时，应在原始记录中明确本次检测涉及的项目条款号或名称。

（3）试剂耗材信息

应有标准工作溶液编号信息，标明溶液名称、浓度。

（4）样品信息

样品信息包括样品名称、样品数量、样品编号、称样量。检测样品的名称应是客户委托任务书指定的名称，或是检验检测机构检查样品后并同客户沟通协调后确定的、可正确描述样品的名称。样品编号应具有唯一性，以方便实验室内部样品流转和存储管理。当样品的初始状态可能会影响后续的检测或判定，并在试验开始前对样品的初始状态进行调整的，应在原始记录中记录样品的初始状态以及对样品做出调整。

（5）检测环境条件信息

检测环境条件信息主要指检测时的环境温度和湿度。温度保留一位小数，相对湿度为不含小数的百分数。当环境温度和湿度与检测标准方法中的规定不吻合时应停止检测。记录检测时的环境信息关系到原始记录的可追溯性。如果日后检测报告/数据需要复查，应在相同的环境条件下开展复查检测。

（6）人员信息

包括检测人员、审核人员的签字或等效标识。签字人员的签名要确保经本人确认，由本人负责。

（7）检测日期

原始记录中的检测日期以天为单位，按起始到结束的时间段方式填写，即从接样开始至完成原始记录填写的一个检测周期。仪器设备的使用时间精确到分钟。

（8）数据结果记录

数据结果记录的位置可以是下划线、空格、方框或表格等形式。数据结果记录应出现在原始记录的适当位置，并与检测标准（方法）的描述文字相协调。数据结果记录应包括所有检测过程产生的数值及导出过程、图谱、图像、标准曲线等记录信息。

（9）检测仪器信息及使用参数条件

仪器本身的信息包括检测仪器的名称、型号、受控编号。仪器的运行条件包括色谱系统和检测器的参数。色谱信息包括色谱柱名称、型号、规格，流动相成分、流速、进样量等。检测器信息包括检测波长、激发光波长，质谱检测器离子源电压、气体流量及源内温度等主要参数。

（10）场地信息

场地信息是实施检测项目的场地位置的描述。应明确具体的检测场所信息。有检测项目在分包实验室场地或委托方实验室场地进行时，应在原始记录的适当位置进行记录。

(11) 原始数据

原始数据是指计算处理之前的原始数据记录，包括样品称样量、标准物质添加量、标准工作液浓度、质谱检测的离子对等信息，应在操作的当时即时记录。

(12) 其他信息

包括移液体积（定容体积）及移液设备编号信息，计算公式。如有格式欠缺栏目而又有原始记录的完整性要求的必要信息，可记录在备注栏中。

（二）数据处理

1. 数据基本要求

检测结果应使用法定计量单位。数字修约应遵守国家标准 GB/T 8170 的规定。运算不能连续修约，应将所有原始记录数据代入公式后一次修约。色谱峰面积一般不做修约，按实际测定值进行记录，参与计算后按相关规定进行修约。仪器参数、工作站软件自动生成数值可不做修约。相对标准偏差按"只进不舍"进行修约。

2. 检测数据的处理

检测直接输出的原始响应信号，需要根据标准方法规定的定量校正方法进行计算转换才能得到检测值。为证明检测结果的准确与可靠，还需要根据质控样品的检测值，通过统计学方法计算本次检测的准确度和精密度。畜禽产品药物残留检测方法主要采用液相色谱法，因此主要介绍液相色谱法的定性分析和定量分析的要求与方法。

（1）定性分析

定性是对分析物的鉴定，即分析物"有无"和"是非"的判定，是进一步定量的前提。液相色谱法的定性分析包括色谱端定性和检测器端定性，依赖液相色谱的保留时间、检测器的专属参数（光谱、质谱）等信息。液相色谱法均需要以目标分析物与标准样品之间的色谱峰保留时间（Retention Time）的一致性作为主要定性参数之一，其相对偏差应在2.5%以内，否则不能定性。药物残留检测目前多以质谱仪为检测器，即串联双四极杆质谱仪（LC-MS/MS）。质谱检测器定性包括母离子、至少两个子离子的存在，还应确保定性子离子丰度与定量子离子丰度的比值（离子丰度比）准确度满足要求。

（2）定量分析

检测标准中的色谱定量方法主要有外标法和内标法。样品基质对检测响应干扰明显时，应采用空白基质匹配的标准溶液。当待测组分含量变化不大，并已知这一组分的大概含量时，也可以不必绘制标准工作曲线，而用单点校正法定量。单点校正法实际上是利用原点作为标准工作曲线上的另一个点，所以方法存在系统误差时（即标准工作曲线不通过原点），单点校正法的误差较大。

（3）准确度

兽药残留检测标准仅提及准确度和精密度。日常检测中需要设置2个阳性添加质控样，经前处理后检测，计算出分析物检测值。检测值占添加理论值的百分比即为回收率，两个平行样回收率的平均值即视为该样品本次检测的准确度。准确度必须在该检测标准规定的范围之内。

（4）精密度计算

精密度有批内精密度和批间精密度两种。批内精密度是指在同一批次的实验条件下，对同一样品进行多次测定，以评估在短时间内由于分析过程中的随机误差所导致的测量值的变化程度，反映了相同的实验室、操作者、分析仪器和检验时间的条件下，对同一样品进行重复测定的一致性。批间精密度是指在不同的批次之间，对同一样品进行测定所得到的结果的一致性，涉及不同批次之间可能存在的系统误差和随机误差的综合影响。精密度以偏差表示，可用相对偏差、标准偏差、相对标准偏差等统计学术语表示。日常检测时，仅需计算批内精密度，设2个平行样测定可以满足规范要求，精密度以相对偏差表示即可。初检与复检则应计算批间精密度。相对偏差是两次平行测定结果之差的绝对值除以两次平行测定结果之和，以百分数表示。个别检测标准以重复性限（r）和再现性限（R）分别表示批内精密度和批间精密度，可根据标准附录表格中的公式，将两次平行测定结果值利用线性内插法求出r及R值，比较平行结果差值与r及R值的大小，判断精密度是否符合要求。

参考文献

刘迎贵，方俊天，韩漠，等，2007.兽药分析检测技术［M］.北京：化学工业出版社.

刘迎贵，姚一萍，武金凤，等，2013.实用农畜产品质量安全检测技术［M］.北京：化学工业出版社.

刘珍，黄沛成，于世林，等，2004.化验员读本［M］.北京：化学工业出版社.

庞国芳，2007.农药兽药残留现代分析技术［M］.北京：科学出版社.

第四章　快速检测技术简介

　　畜禽可能使用的药物种类繁多，畜禽产品生产从养殖、屠宰、运输、市场到餐桌链条长、环节多，监管检测任务量巨大，容易产生检测结果的滞后。建立简便、快速、高通量、高灵敏度的方法是兽药残留检测技术的发展趋势，应用快速检测技术可对有害残留进行源头检测和现场质控，从农场到餐桌把好食品安全关。酶联免疫技术、胶体金技术为代表的快速检测技术在食品安全检测中发挥了巨大作用，是近年来主流的快速检测手段。

　　虽然快速检测技术日趋成熟应用广泛，但只能作为半定性、半定量的检测手段，有一定的假阳性结果的发生率。商品化快速检测产品的质量管理在我国仍是空缺，因此对产品的选择应十分谨慎。对不同品牌、不同批次的快检产品在实验室进行严格验证合格后方可使用。快速检测结果最好用准确定性定量的方法加以确证，保证检测结果的可靠性。

第一节 酶联免疫吸附技术

一、ELISA 技术简介

酶联免疫吸附测定法（Enzyme Linked Immunosorbent Assay，ELISA），是用于检测样品中微量物质的固相免疫测定方法。它是在免疫酶技术的基础上发展起来的一种新型的免疫测定技术。ELISA 经过多年的技术进步，以其灵敏度高、检测效率高、特异性高以及适应性强等特点已成为目前环境、医学、食品等各领域广泛应用的检测技术之一。

二、ELISA 基本原理

通过抗原与抗体的特异性免疫反应将待测物与酶连接，通过酶与底物产生颜色反应，用于定量测定。测定对象可以是抗原也可以是抗体。ELISA 的基础是抗原或抗体的固相化及抗原或抗体的酶标记。结合在固相载体表面的抗原或抗体仍保持其免疫学活性，酶标记的抗原或抗体既保留其免疫学活性，又保留了酶的活性。测定时，受检样品（含待测抗体或抗原）与固相载体表面的抗原或抗体反应结合形成抗原抗体复合物。洗涤去除多余的抗原、抗体以及其他物质，固相载体上形成的抗原抗体复合物则保留于载体。加入酶标记的抗原或抗体，与加入的酶底物发生催化水解或氧化还原反应而成为有色产物，产物的量与标本中受检物质的量呈一定的线性关系，根据呈色的深浅进行定性定量分析。常用的酶是辣根过氧化物酶（HRP），催化底物为 TMB,催化生成蓝色产物,加入终止液形成黄色产物。生成的有色产物可用分光光度计(酶标仪)测定一定波长下的吸光度值,换算样品中分析物的含量。由于酶的催化效率很高,间接地放大了免疫反应的结果,测定方法能达到很高的灵敏度。

三、ELISA 基本类型

根据测定的目标分析物是抗原还是抗体、小分子或者大分子以及样品的差异等因素,为提高检测的灵敏度、特异性和便捷性,研究者设计出各种不同类型的 ELISA 检测方法,主要有以下几种主要类型,每种方法各有其优缺点和适用范围(图 4-1)。

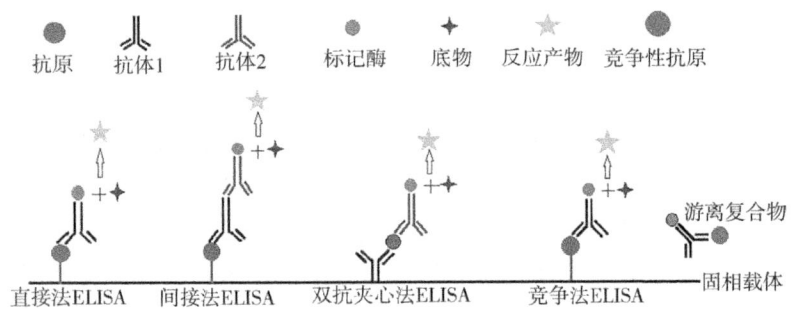

图 4-1　ELISA 基本类型

(一)直接法

将抗原固定于 ELISA 板上,用酶标抗体直接检测抗原。直接 ELISA 实验步骤少,检测速度快,不需要二抗,避免了交叉反应,检测结果不容易出错。实验背景会比较高,每种靶蛋白都需要准备能够与其特异性结合的一抗,实验灵活性低。由于没有使用二抗，信号未被放大，灵敏度低。

（二）间接法

将抗原固定于 ELISA 板上，随后分两步进行检测。首先加入检测抗体与抗原特异性结合，随后加入酶标二抗检测并利用底物显色。与直接 ELISA 相比，间接 ELISA 用到酶标二抗，具有更高的灵敏度，也需要更少的标记抗体，更经济，间接 ELISA 还提供了更大的灵活性。缺点是存在交叉反应的可能性（酶标二抗直接与抗原结合），可能会增加背景，间接 ELISA 实验多了二抗孵育的步骤，实验周期延长。

（三）双抗夹心法

将特异性抗体结合到固相载体上形成固相抗体（捕获抗体），然后和待检样本中的相应抗原结合形成免疫复合物，洗涤后再加酶标记抗体（检测抗体），与免疫复合物中抗原结合形成酶标抗体 – 抗原 – 固相抗体复合物，加底物显色，检测抗原含量。在整个过程中，待检抗原经过捕获抗体和检测抗体双重筛选，因此具有更高的特异性。

（四）竞争法

将抗原包被在固相载体上，加入酶标记特异性抗体及待检抗原，待检抗原与预先包被在固相载体上的相同抗原（竞争抗原）竞争结合酶标抗体，通过洗涤去除被竞争结合的游离抗原抗体复合物，最后加底物显色。显色结果与待检抗原（或抗体）的量呈负相关，这是间接竞争 ELISA 法。竞争法主要优点在于可检测不纯的样品，数据再现性高，但存在整体敏感性和专一性相对较低的问题。间接竞争法是小分子药物残留检测常用快速检测技术。药物残留检测的化合物均为小分子物质，抗原表位较少。竞争 ELISA 法只需要一个抗原表位，因此更适合小分子药物残留的检测。其原理是标本中的抗原和一定量的酶标抗原竞争，与固相抗体结合。标本中抗原量含量越多，结合在固相上的酶标抗原越少，最后的显色也越浅。小分子激素、药物等 ELISA 测定多用此法。竞争法 ELISA 实验一般流程是：抗原/抗体包被→洗涤封闭→加待检样品（须设阴、阳性对照）→免疫亲和反应→洗涤→加底物→酶促反应→终止反应→酶标仪测定结果。图 4-2 是间接竞争法 ELISA 检测抗原的基本过程。

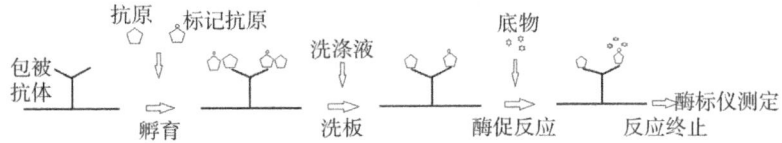

图 4-2　间接竞争法 ELISA 检测抗原的原理流程

ELISA 法的灵敏度很高。由于酶的催化率很高，极大地放大了反应效果，从而使测定方法达到很高的敏感度，检测限可低至 0.1μg/kg。样品前处理要求较简单，数小时内即可完成检测。采用 96 孔酶联板，一次可检测 42 个样品，显著提高检测效率。该法广泛地应用在兽药残留分析中，目前几乎所有常见的兽药残留均已建立 ELISA 检测方法。

四、ELISA 操作要点

（一）检测前准备及注意事项

试剂盒及实验过程中要用到的所有试剂要恢复至室温；不同批次的试剂盒不要混用；不用超过保质期的试剂盒；准备好实验过程中所用的吸水纸、移液器及吸头，检查酶标仪和恒温培养箱是否处于工作状态；将所需的酶标板板条插入酶标板架上，将剩下未使用的板条用自封袋密封后，立即保存于 2~8℃ 环境中；各试剂在使用前要摇匀，混合时应避免气泡的出现；检测时尽量减少酶标板上方空气的流动。

（二）实验过程控制

1. 加样

加样时注意要把所加物加到板孔底部，不可加在板孔上部，不可溅出，不可产生气泡。加样一般用微量加样器，每次应更换吸头，以免发生交叉污染。要注意加液量是否一致，避免多加、漏加现象的发生。加完所有液体后注意液体的混匀。使用移液器加样时，正确的加样操作方法对结果的影响很大，应注意以下几点。一是确保移液准确、一致；二是避免孔间污染；三是避免产生气泡；四是避免吸头碰触孔内壁。应选用合适量程的多通道移液器。选用质量可靠的移液器吸头，正确安装吸头。吸液、放液操作要规范，应慢吸快打。吸液时，吸头尖端应浸入液面下 3mm 左右，吸液前枪头先在液体中预润洗 2～3 次以确保精度。放液时，吸头应以一定角度在液面与孔内壁交界处放液且不能触碰内壁（图 4-3）。

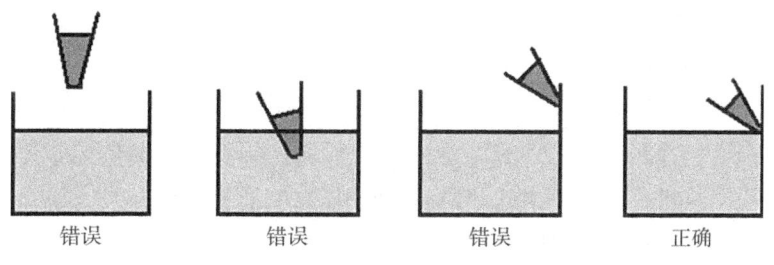

图 4-3　加样操作

2. 温育

不同的试剂盒要求的反应温度、时间不同，温度过高过低或者是时间过长或过短都会影响最终实验结果，应注意温育的时间和温度应按规定力求准确。为保证时间准确，一个人一次不宜同时多于两块板操作、测定。

3. 洗涤

洗涤虽不是一个反应步骤，但也决定着实验的成败，在 ELISA 各操作步骤中，洗涤是最主要的关键环节。ELISA 就是通过洗涤来清除残留在板孔中没能与固相抗原或抗体结合的物质，以及在反应过程中非特异性地吸附于固相载体的干扰物质。倒掉板孔中液体，在每孔中加入规定数量的洗涤液，充分洗涤 3～5 次，每次浸泡 15～30s，最后倒掉板孔中的洗涤液，应将酶标板倒置在干净的吸水纸上，拍干。

4. 显色

显色是 ELISA 操作中最后一步温育反应，此时是酶催化无色的底物生成有色产物的反应过程。反应的温度和时间仍是影响显色的因素。在定量测定中，加入底物后的反应温度和时间应按规定力求准确。定性测定的显色可在室温进行，时间一般不需要严格控制，有时可根据阳性对照孔和阴性对照孔的显色情况适当缩短或延长反应时间，及时判断。

5. 酶标仪测定

测定前应先用洁净的吸水纸拭干板底附着的液体，但应尽量避免刮花表面。加完终止液后要混匀，要在规定时间内读数，液面不能有大的气泡。酶标仪使用前先预热仪器 15～30min，可使读数测定更加稳定。

应注意，环境条件对 ELISA 实验也有不可忽视的影响，通常要求温湿度较稳定，温度应控制在 15～45℃，湿度控制在

15%～85%。手动操作步骤应注意动作力度和一致性,如洗板、拍干及移液器加样等都可能对结果造成影响,需要检测人员通过长时间的练习,熟练操作。

另外,在使用商品化的 ELISA 试剂盒时,还应认真阅读操作说明,了解试剂盒适用的样品种类范围。各种试剂应为澄清状态,否则应充分溶解后使用。由于 ELISA 原理所致,检测结果的解释应慎重。快速检测技术允许有较低的假阳性率甚至假阴性率。多种药物联检的试剂盒,阳性结果可通过有更强定性确证能力的检测技术进一步确认。

五、ELISA 实验控制

(一)ELISA 检测实验室质控

在 ELISA 实验中,除了标准曲线外,还应该进行质控以评估实验的准确性、可靠性和有效性。质控包括多个方面,确保实验结果的可靠性和有效性。以下是一些关键的质控要素。

1. 标准曲线

通过一系列已知浓度的标准品测得的吸光度值绘制而成的,这些数据点通过统计学方法拟合成的一条曲线。标准曲线至少应由 5 个浓度组成(不包括原点)。标准曲线是 ELISA 实验的核心,用于计算未知样品的浓度,还用于确定工作浓度范围和 IC_{50}。标准曲线除用于定量外,还是评估本次实验条件、试剂及人员操作质量的重要判据。标准曲线相关系数绝对值应不低于 0.98。正常的标准曲线是"S"形曲线,在高、低浓度区共有两个拐点。曲线的拐点对应于某个特定的浓度,这个浓度点在实验中具有重要的意义,标志着反应从线性到非线性的转变点。两拐点之间的浓度范围是准确测量的浓度范围（图4-4）。

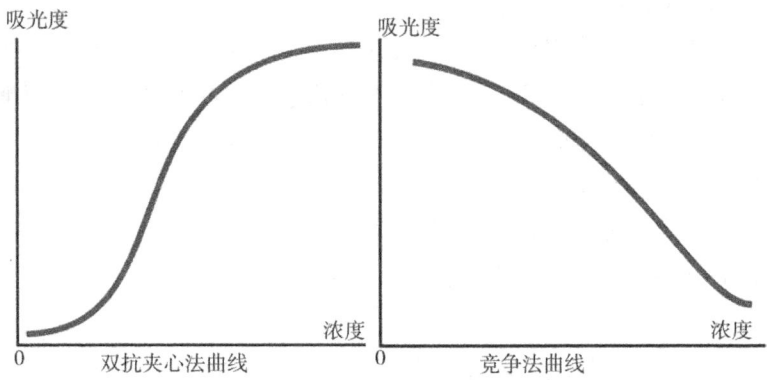

图4-4 ELISA标准曲线

2. 检测限和定量限

检测限是通过20份空白样品测定的均值加上3倍标准差来确定的。定量限应大于标准曲线中的浓度点，并对该浓度样品至少测定6次进行验证。商品化试剂盒在验证确定检测限和定量限后，作为日常检测设置阳性对照的依据。

3. 空白对照

用稀释液代替检测样本测定的对照。作用是消除、扣除试剂本底。

4. 阴性对照

不含有检测物质的样品（空白样品）。由于多种因素的干扰，阴性对照可能有一定的检测本底值，但应尽量低。待测样品的检测值应扣除阴性对照本底值。样品与待测样品应同源同质，以确保与待测样品有相同的基质效应。

5. 阳性对照

在阴性对照品中加入已知量的检测物质的样品。检测值应扣除空白对照及阴性对照的本底值。用于评价该次检测的精密度和准确度。

6. 精密度和准确度

日常样品检测应设置至少两个平行样，用以计算精密度和准确度。批内精密度一般要求偏差低于25%，禁用药物低于30%。准确度用回收率评估，一般要求不低于40%。

（二）ELISA检测定量

ELISA定量是将吸光度值代入标准曲线方程，求得检测物质的浓度。实际检测中还应考虑稀释倍数、空白扣除等因素。通常采用酶标仪工作软件提供自动计算结果。根据检测的实际情况在工作软件中正确设置相应的定量参数。若质控没有达到要求，如标准曲线异常、边缘效应明显、空白对照及阴性对照干扰严重、回收率过高或过低、白板及跳孔等现象发生，应分析原因后重新测定。

第二节 免疫胶体金检测技术

一、胶体金检测技术简介

胶体金法（Immune Colloidal Gold Technique，ICGT）是一种利用胶体金纳米颗粒标记的抗体进行的免疫检测技术。胶体金颗粒是尺寸在1～100nm的金颗粒，因静电作用成为一种稳定的疏水胶溶液，化学性质非常稳定。金标记抗体聚积，只需极少的量就能显示出很深的颜色条带。胶体金技术由于其独特的物理和化学性质，使它具有方便快捷、特异敏感、稳定性强、不需要特殊设备和试剂、结果判断直观等优点。胶体金检测技术不需要酶与底物反应，仅涉及抗原与抗体间的亲和反应，因此检测速度非常快，数分钟即可出结果。实验环境条件要求宽松，一般温湿度下没有影响，因而特别适合于广大基层检测人员以及大批量样品的快速筛查检测，现已广泛应用于农兽药残留检测。近年来随着胶体金读数仪的发展，该技术已逐渐从定性判断发展为半定量检测，且可对数据进行存储，建立可记录、可传输、可分析汇总、可追溯的食品安全检测全程数据分析系统。

二、胶体金技术检测过程原理

根据胶体金技术原理设计了不同的检测技术，其中胶体金侧流免疫层析法是最常见的一种。其检测的基本过程原理是，将胶体金标记的分析物的抗体和非分析物抗体预先包埋在样品孔后的结合垫中，随后的检测轨槽中的硝酸纤维素膜上依次条带状包被检测抗体（检测线，T线）、质控抗体（质控线，C线），末端为吸水垫，这就是试纸卡的结构（图4-5）。当样品溶液加入样品孔后，在毛细作用下，样品向前移动。若样品中含有分析物，到达结合垫将与胶体金标记的分析物的抗体结合，继续迁移，在检测线处吸附在检测抗体上并不断聚积，形成红棕色条带，结果为阳性。如样品中不含分析物，溶液所有成分将不形成胶体金颗粒聚积，不能形成条带，即为阴性。胶体金标记的非分析物抗体移动到质控线处与质控抗体结合聚积，形成红褐色质控带，其作用是表明试纸卡试剂的有效性和检测操作过程的可靠，若没有质控带形成，该检测则无效。

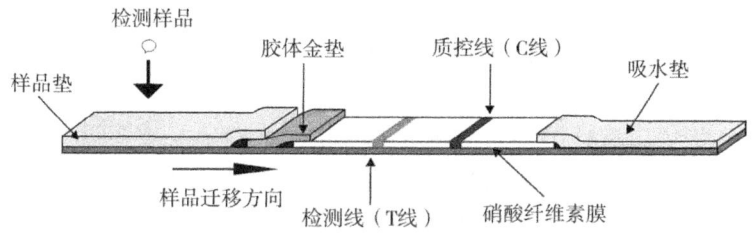

图 4-5　胶体金测试卡

三、胶体金技术基本类型

胶体金技术的基本原理与 ELISA 原理基本类似，因此也有双抗夹心法、竞争法、间接法等类型。应注意，不论哪种类型的胶体金技术，其 C 线作为控制线必须出现，否则无论 T 线是否出现均判定检测失败，应重新检测。由于原理的不同，C 线和 T 线的显色结果判定方法也不相同（图 4-6）。

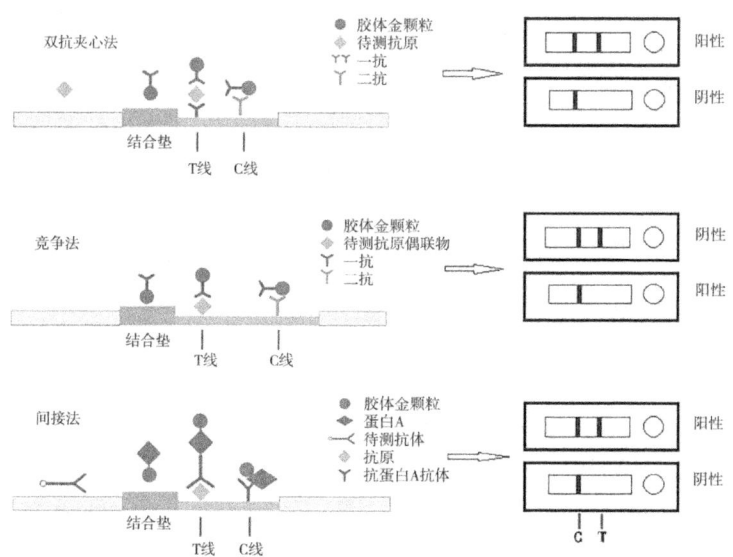

图 4-6　胶体金技术基本类型

四、胶体金检测操作要点

每一批次检测卡应先进行质控实验，验证灵敏度等各项指标符合其标示的性能表述；确保检测卡在有效期内，过期的检测卡可能会导致不准确的结果；检测卡按照要求妥善保存，防止因受潮、受热、光照或其他因素影响而失效；样本的采集和处理应规范。采集的样本要有代表性，处理过程中要避免交叉污染，以确保检测的准确性；应确保检测环境的适宜性，温度、湿度等环境因素可能会对检测结果产生影响；严格控制反应和观察的时间，一般要求在滴加样品后 15～30min 观察结果，避免过早或过晚判断结果；胶体金检测仪给出的数值不能作为准确定量的结果。快速检测技术允许一定的假阳性率，如对结果存在疑问，应进行重复检测，并采用 LC-MSMS 等更可靠的方法进一步验证。

参考文献

焦奎，张书圣，2004. 酶联免疫分析技术与应用 [M]. 北京：化学工业出版社.

高晓明，2001. 医学免疫学基础 [M]. 北京：北京医科大学出版社.

刘丽，2017. 胶体金免疫层析技术 [M]. 郑州：河南科学技术出版社.

张改平，2015. 免疫层析试纸快速检测技术 [M]. 郑州：河南科学技术出版社.

第五章 高效液相色谱法

第一节 高效液相色谱法的原理与应用

一、色谱法简介

色谱（Chromatography）是一种分离技术，是1906年俄国植物学家茨维特（Tswett）在研究植物色素的分离时最早提出的概念。茨维特将碳酸钙装入一根竖直玻璃管内，然后倒入植物叶子的提取物，再用石油醚连续流入这根碳酸钙柱子，各种色素互相分开，形成了各种不同颜色的条带（图5-1）。茨维特的色谱实验实际上是一种简单的常压液相柱色谱法。色谱法早已应用于无色物质的分离并发明了商品化的液相色谱仪器，但"色谱"仍被人们习惯性沿用至今。20世纪中叶以来，色谱法得到了快速的发展和应用。塔板理论等色谱理论的问世、紫外检测器、荧光检测器等的应用以及新型色谱柱填料的开发，电子技术和计算机技术的进步，使得色谱仪器不断完善，实现了全自动化和计算机控制，使该技术可用于广泛的分离过程和化学分析任务。为提高色谱分析速度和分离性能，更小粒径和强度的填料不断出现，耐受更高压力的色谱系统也研制成功，出现了高效液相色谱仪（High Performance Liquid Chromatography，HPLC）及超高效液相色谱仪（UPLC、UHPLC），大大提高了色谱分析的效率。超高效液相色谱仪的使用进一步提高了分析的灵敏度，样品量低至数微升。据统计，在已知化合物中能用液相色谱分析的占70%～80%。畜禽产品药物残留检测的化合物通常沸点较高，不易挥发。液相色谱法利用液相流动相和固定相之间的相互作用分离物质，不受试样挥发性的限制，因此可以分析高沸点、热稳定性差的有机物，是兽药残留检测的最主要方法。

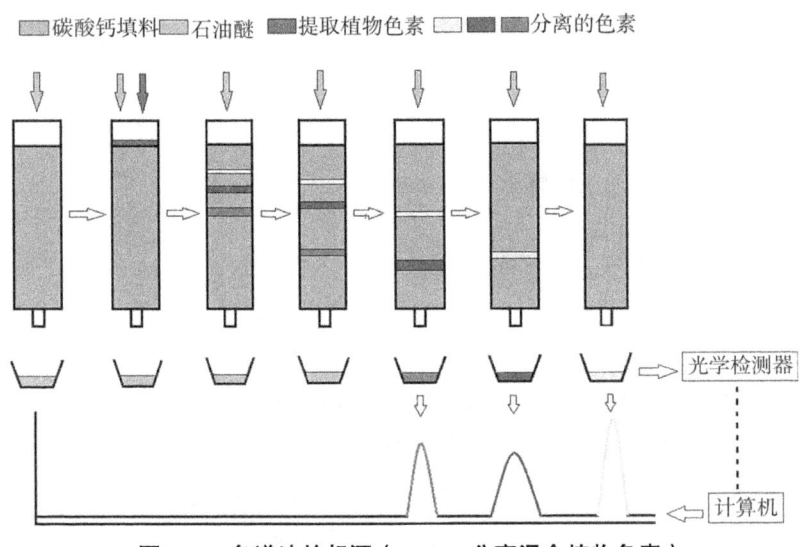

图5-1　色谱法的起源（Tswett分离混合植物色素）

二、高效液相色谱法基本原理

（一）高效液相色谱法的特点

高效液相色谱法是在常压液相柱色谱的基础上发展起来的

一种新的色谱分析方法。色谱柱由于采用了粒径为 10μm 的高效固定相颗粒，因而理论塔板数远高于常压液相色谱法的色谱柱，柱效更高，具有更高的分离能力。与茨维特的常压液相色谱法相比，流动相采用高压泵输送，因此又叫高压液相色谱法。可获得较高的流速，因而分析速度更快。高效液相色谱法具有压力高、速度快、效率高、灵敏度高、选择性好、适用范围广等特点，广泛应用于药物残留检测分析。

（二）高效液相色谱系统与分析流程

高效液相色谱系统包含色谱分离部分、检测器部分及电脑软件控制部分。高效液相色谱法采用高压泵液系统，将具有不同性质的单一溶剂或不同比例的混合溶剂、缓冲液等流动相泵入装有固定相的色谱柱，样品加载到色谱柱，随着流动相的流动使柱内各成分得到分离，按先后顺序进入检测器检测，光信号转换为电流信号，在电脑控制软件界面生成色谱图，实现对样品的分析。检测参数（波长）容易确定，而如何将目标成分与其他成分充分分离是液相色谱法核心的问题。

高效液相色谱仪基本结构见图 5-2，包括色谱分离、检测两大部分。色谱部分又分为高压泵、溶剂混合器、进样装置、色谱柱四个主要部分，以及柱温箱等附属部分。多个流动相按设定程序，按比例在溶剂混合器中混合，在高压泵的推动下连续不断匀速注入色谱柱。进样器吸取样品溶液加载到色谱柱流入端，进入色谱柱。样品在色谱柱中根据待测组分在固定相和流动相中分配系数不同从而分离，流出色谱柱到达检测器。检测器部分有比色池和光度计，输出色谱图的计算机。

HPLC 仪一般由溶剂输送系统、进样系统、分离系统（色谱柱）、检测系统和数据处理与记录系统（电脑与控制软件）组成，具体包括储液器、输液泵、进样器、色谱柱、检测器、记录仪或数据工作站等几部分。输液泵、色谱柱和检测器是 HPLC 仪的关键部分。

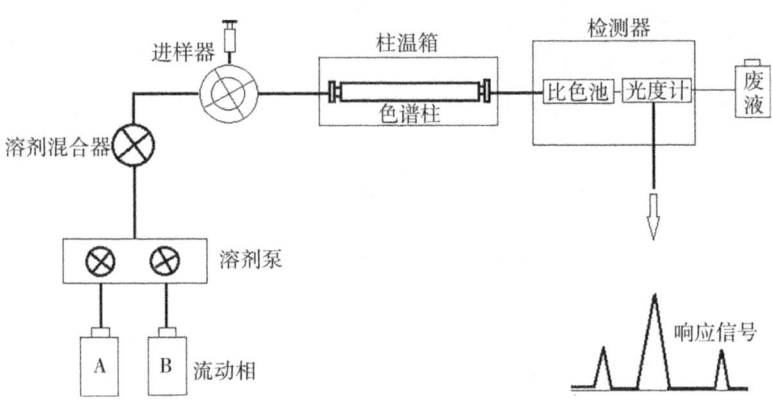

图 5-2 高效液相色谱仪基本结构

（三）色谱分离原理

色谱分离过程是化合物在液体流动相和固定相（色谱柱中的固体填料）两相之间的连续分配过程，其本质是化合物与两相间相互作用的差异，与"相似相溶"原理类似，其过程与固相萃取过程相似（见图 2-6）。根据疏水作用、亲水作用、静电作用、免疫亲和等相互作用的原理不同，形成了反相色谱、正相色谱、离子交换色谱、亲和色谱等色谱方法。目标分析物能否与其他成分实现色谱分离，取决于其与流动相和固定相作用力的大小。分析物与固定相的作用大于和流动相的作用，分析物保留于色谱柱而不能被洗脱，则流动相洗脱力不足；反之，色谱柱保留分析物能力差。应根据保留性质调整流动相中有机相或水相的比例以增强或降低洗脱力。洗脱力过强，杂质可能和分析物无法分离而共同流出，很可能干扰分析物的检测；洗脱力太弱，分析时间延长，还可能导致色谱峰宽，灵敏度下降。

应根据检测的目标设置合理的流动相比例。

(四) 检测器类型

常见的检测器有示差折光化学检测器、紫外吸收检测器、紫外-可见分光光度检测器、二极管阵列紫外检测器、荧光检测器、电化学检测器等。畜禽产品检测常用的检测器是紫外检测器、荧光检测器。

1. 紫外检测器

紫外检测器（Ultraviolet Absorption Detector，UV）是 HPLC 中应用最广泛的检测器，当检测波长范围包括可见光时，又称为紫外-可见光检测器。它灵敏度高，噪声低，线性范围宽，对流速和温度均不敏感，可用于制备色谱。由于灵敏高，因此即使是那些光吸收小、消光系数低的物质也可用 UV 检测器进行微量分析。但要注意流动相中各种溶剂的紫外吸收截止波长（Cut-off Wavelength）。如果溶剂中含有吸光杂质，则会提高背景噪声，降低灵敏度（检测限增高）。此外，梯度洗脱时，还会产生漂移。

UV 检测器分为固定波长检测器、可变波长检测器和光电二极管阵列检测器（Photodiode Array Detector，PDA/DAD）。按光路系统来分，UV 检测器可分为单光路和双光路两种。可变波长检测器又可分单波长（单通道）检测器和双波长（双通道）检测器。DAD 是一种光学多通道检测器，它可以对每个洗脱组分进行光谱扫描，经计算机处理后，得到光谱和色谱结合的三维图谱。其中吸收光谱用于定性（确证是否单一纯物质），色谱用于定量。常用于复杂样品（如生物样品、中草药）的定性定量分析。

2. 荧光检测器

荧光检测器是一种高灵敏度、高选择性检测器。对多环芳烃、B族维生素、黄曲霉素、卟啉类化合物、农药、药物、氨基酸、甾类化合物等有响应。荧光检测器的结构及工作原理和荧光光度计相似。荧光涉及光的吸收和发射两个过程，因此任何荧光化合物，都有两种特征的光谱：激发光谱（Excitation Spectrum）和发射光谱（Emission Spectrum）。选择合适的激发波长和发射波长，可提高检测的灵敏度和选择性。

第二节　反相高效液相色谱法

高效液相色谱法通常按照色谱分离的基本原理分类，采用哪种色谱法分离与化合物的物理化学性质相关。从色谱分离原理角度可分为反相色谱法离子交换色谱法、离子对色谱法等。兽药残留检测主要采用反相色谱法。各种方法在色谱分离之后根据化合物的结构和物理化学性质分别采用选择性强的检测器（紫外、荧光、蒸发光、电化学等检测器）检测色谱分离出的化合物。

一、反相色谱法原理

以非极性填料（如 C_{18}、C_8）为固定相，流动相为水、缓冲液及甲醇、乙腈、异丙醇、丙酮、四氢呋喃等与水互溶的有机溶剂。适用于分离非极性和极性较弱的化合物。RPC 在现代液相色谱中应用最为广泛，据统计，它占整个 HPLC 应用的 80% 左右。为控制样品在分析过程的解离，常用缓冲液控制流动相的 pH 值。但需要注意的是大部分 C_{18}、C_8 色谱柱使用时的 pH 值范围通常为 2～8，太高的 pH 值会使硅胶溶解，太低的 pH 值会使键合的烷基脱落。也有个别特殊键合修饰的 C_{18}、C_8 色谱柱可在 pH 值 1.5～10 范围操作，应注意区别。大部分小分子药物在 C_{18}、C_8 色谱柱上均有较好的保留，因此药物残留检测主要采用反相的 C_{18}、C_8 色谱柱。

反相色谱法基本原理是，在流动相为极性较强的溶剂时，非极性固定相易于吸附保留非极性或弱极性化合物，而流动相极性降低时保留在固定相的化合物被洗脱出来。反相色谱法的色谱柱选择性小，而流动相种类、组成和比例对色谱分离的效果至关重要。选择流动相的原则包括：具有一定的化学惰性，即不与固定相、样品发生反应；与检测器相匹配；对沸点、黏度等物理性质选择合适；毒性小等。了解溶剂极性大小是建立色谱条件的前提，对于反相色谱而言，流动相中有机溶剂比例越高，洗脱能力越强，反之则弱。常见溶剂极性大小为：水＞甲酰胺＞乙腈＞甲醇＞乙醇＞丙醇＞丙酮＞四氢呋喃＞正丁醇＞乙酸乙酯＞乙醚＞异丙醇＞二氯甲烷＞氯仿＞溴乙烷＞苯＞氯丙烷＞甲苯＞四氯化碳＞二硫化碳＞环己烷＞己烷＞庚烷。乙腈和甲醇极性适中，与水互溶性好，是反相色谱最常用的有机流动相，但应注意二者间的性质差异。甲醇极性略强于乙腈，一般情况下乙腈洗脱能力更强。甲醇黏性高于乙腈，柱压高于乙腈。甲醇是有电离能力的类质子溶剂，乙腈则为非质子类溶剂，因此对不同化合物的选择性存在差异，如以质谱为检测器甲醇有利于提高化合物离子化效率。使用有机溶剂流动相，选择紫外检测波长时，了解它们的紫外截止波长（Cut-off Wavelength）是非常重要的。溶剂的截止波长是指该溶剂可以在紫外检测器中使用的最低波长，低于该波长后溶剂会有紫外吸收，检测噪声信号强。乙腈的截止波长约为 190nm，而甲醇约为 210nm，则使用乙腈时可以在 190nm 的低波长下进行检测。以甲醇为流动相，无法使用低于 210nm 的波长检测，会产生较强的基线噪声。

二、离子对色谱法

离子对色谱法又称偶离子色谱法，是一种特殊的反相色谱方法。原理是根据被测组分离子与离子对试剂离子形成中性的离子对化合物后，在非极性固定相（C_{18}、C_8）中溶解度增大，使其在反相色谱柱上实现有效的反相分离。主要用于常规反相色谱法无法保留的强极性物质（氨基糖苷类、吗啉胍、利巴韦林等）。分析碱性物质常用的离子对试剂为烷基磺酸盐，如戊烷磺酸钠、辛烷磺酸钠等。另外高氯酸、三氟乙酸也可与多种碱性样品形成很强的离子对分析酸性物质，常用四丁基季铵盐，如四丁基溴化铵、四丁基铵磷酸盐。离子对色谱法流动相为甲醇 – 水或乙腈 – 水，水中加入 3～10mmol/L 的离子对试剂，在一定的 pH 值范围内进行分离。被测组分保留时间与离子对性质、浓度、流动相组成及其 pH 值、离子强度有关，应严格控制。离子对色谱法适用于光学检测器，但对于质谱检测器，离子对试剂容易对离子源形成顽固污染，导致检测灵敏度显著下降（尤其是负离子模式检测），通常应尽量避免使用。

三、色谱图基本要求

色谱图是定性定量分析化合物的依据，因此色谱图的质量对定性定量的准确性至关重要。色谱图的主要性能指标包括：基线平稳，色谱峰对称，分离度高，灵敏度高，重复性好，峰容量大，抗杂质干扰能力强等。其中分离度、色谱峰峰形、色谱响应是最重要的指标。

（一）分离度

分离度（Resolution，R）衡量相邻洗脱组分的分离效果，也称色谱分辨率。分离度越大，相邻两组分离得越好。计算分离度的方法有两种，一种是以峰底宽来计算，其值等于两峰保留时间之差除以峰底宽之和，再乘以 2；另一种是以半高峰宽来计算，其值等于两峰保留时间之差除以半高峰宽之和，再乘以 1.18。在实际应用中，如果峰形对称，两种方法计算的结果相近；但如果峰形不对称，则使用半高峰宽法更为准确。准确定量要求两相邻色谱峰 R 值至少在 1.25。

色谱峰位置必须在死体积时间之后，表明在当前洗脱条件下分析物能被色谱柱有效保留。如在死体积时间之前，则说明分析物与其他成分（杂质及其他目标分析物）没有得到色谱分离，同时基质干扰严重，无法准确定性定量。

（二）色谱峰峰形

正常色谱峰近似于平滑的对称形正态分布曲线，如出现平头峰则说明分析物浓度过高，超过检测器线性范围。色谱峰对称性差严重影响定性定量的准确性，是评价色谱峰质量的主要指标。用于评价色谱峰对称性的参数有对称因子、不对称因子、拖尾因子等。不对称因子是对称因子的倒数，将 10% 峰高处前半峰的宽度 a 与后半峰的宽度 b 的比值定义为不对称因子 As。色谱峰的对称因子范围通常在 0.9～1.2。在大多数情况下，对称因子在这个范围内被认为是可接受的。对称因子在 0.95～1.05 时为正常色谱峰，< 0.95 为前沿峰，> 1.05 是拖尾峰。

（三）灵敏度

灵敏度是仪器能检测的浓度低限，包括检测限（LOD）和定量限（LOQ）。二者是通过色谱峰与基线噪声的区别程度确定的，即目标色谱峰信号强度与两侧基线噪声峰信号强度的比值（信噪比，S/N）。当 S/N ≥ 3 时，该浓度定为检测限，S/N ≥ 10 时的浓度定为定量限。

第三节　高效液相色谱法定性与定量

一、高效液相色谱法定性

对分析物的检测，包括定性与定量两方面。分析物准确的定性是定量的前提。对于以紫外、荧光等光谱检测器为检测手段的色谱法而言，定性参数包括色谱分离特征（保留时间）和光谱响应特征（特征波长）。色谱分离行为特征是基于化合物的极性、疏水性质等物化属性，遵循"相似相溶"原理的类似规律。化合物的光谱响应特征则是基于分子的结构差异。通常仅靠少量参数进行定性，由于专属性不足，定性能力有限，应结合下列多种手段以增强定性的可靠性。

（一）利用已知标准样品定性

通过比较未知化合物与已知标准样品的色谱特性，如峰形、峰面积等，来判断未知化合物的结构或组成。前提是必须确保检测仪器状态尽量高的稳定性。如果被测化合物与标准样品的色谱行为特征一致，可以初步认为两者相同。

（二）利用检测器的选择性定性

不同的检测器对同一种化合物的响应不同，而同一种检测器对不同种类的化合物的响应值也不同。通过比较不同检测器对同一化合物的响应，可以辅助定性分析。这种方法利用了双检测器体系的连接原理，通过比较两种或多种检测器的响应，可以提供关于被测化合物性质的定性信息。

（三）利用全波长扫描功能定性

有些光学检测器（如二极管阵列检测器）能够提供被检测化合物的连续波长的光谱图，通过对比未知化合物与标准样品的光谱图，可以鉴别两者是否相同。这种方法在高效液相色谱中广泛应用，通过全波长扫描获得的紫外可见光谱图，可以提供有价值的定性信息。

（四）利用保留时间定性

保留时间是衡量化合物在色谱柱上分离情况的一个重要参数。通过比较待测成分与已知标准品的保留时间是否一致，可以判断两者是否为同一化合物。这种方法简单易行，是液相色谱定性分析中常用的一种方法。相关国家或行业标准对保留时间的偏差均有规定，通常要求相对偏差在 2.5% 以下。

（五）利用光谱相似度定性

通过对比待测成分与已知标准品的光谱相似度，可以辅助进行定性分析。这种方法利用了光谱仪器的全波长扫描功能，通过对比两者的光谱图，可以判断两者的相似度，从而进行定性。

（六）利用质谱检测器提供的质谱信息定性

质谱检测器能够提供化合物的分子质量和结构信息，通过对比质谱图，可以进行准确的定性分析。这种方法在复杂样品的定性分析中尤为重要。

这些定性方法可以单独使用，也可以结合使用，以提高定性的准确性和可靠性。选择哪种方法取决于样品的性质、分析的目的以及实验室的条件和设备情况。

二、高效液相色谱法定量

仪器检测定量有对样品中的物质准确定性是色谱分析的前提，准确定量是色谱分析的最终目标。光学检测器直接测定待测物质的光学响应，因此属于线性响应检测器，即检测器的响应与物质的浓度成正比关系（图5-3）。检测器检测的是待测物质对特征波长的吸收或发射，将光学信号转换成电流信号，在计算机上输出形成色谱峰。用于定量的响应值有色谱峰面积和色谱峰的峰高两种方法。多数情况下，峰面积进行定量的可靠性更高。

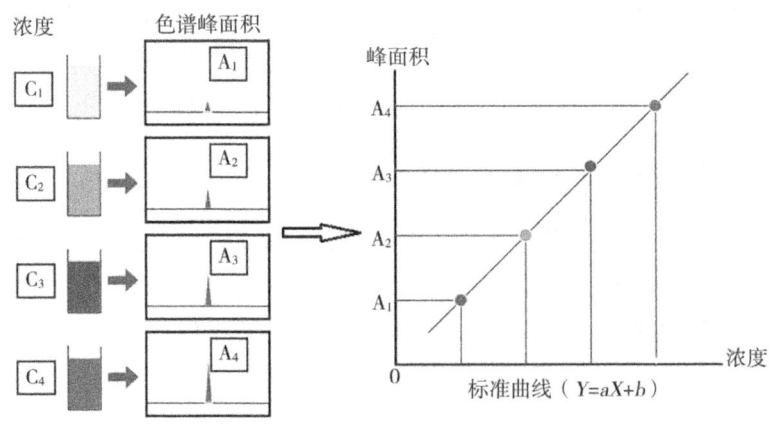

图 5-3　色谱仪定量的线性响应

复杂基质样品中痕量残留药物的定量检测含有两层含义。一是高效液相色谱仪直接测定上机样品溶液得到的仪器测定值，反映进入色谱系统的样品溶液中的药物浓度，而不是样品中的药物浓度；二是对待检样品中药物含量的检测，即药物残留检测，是完成样品前处理到仪器测定全部流程后得到的方法检测值（残留检测值）。仪器测定值的准确性和精密度可能受到仪器性能状态的影响，包括进入色谱系统的样品溶液的杂质成分、进样体积准确性、色谱系统稳定性以及色谱分离效果等因素。样品由于前处理过程不可避免的损失与操作偏差，同样影响残留检测值的准确度和精密度。因此需要采用一定的定量校正方法，消除或降低仪器和前处理两方面的不利影响，提高定量的准确度和精密度。定量分析校正方法包括外标法、内标法、标准加入法和归一化法等，各法原理不同，各有其优缺点，药物残留检测标准方法中主要采用外标法和内标法。

（一）外标法

外标法也称为标准曲线法或直接比较法，即以待测物质响应值（色谱峰面积或峰高）对浓度绘制的标准曲线进行定量的方法。标准曲线法是高效液相色谱法常用的定量分析方法。具体做法是用待测物质的标准样品配制成不同浓度的标准溶液，经过相同的液相色谱条件下准确进样，测定得到各浓度标准溶液的响应值，以响应值对浓度绘制得到标准曲线。标准曲线应该是一条直线段，即 $y=ax+b$。理想的标准曲线应经过原点。标准曲线方程有截距说明该测定方法存在系统误差，应尽量优化降低系统误差，截距应 ≤ 100% 响应值的 2%。标准曲线的斜率是绝对校正因子，表示方法的灵敏度。通常要求标准曲线至少有 5 个浓度点（不含原点），相关系数 R 应不低于 0.99。

由于检测器和色谱柱均有灵敏度及可饱和性的原因，色谱响应与浓度之间只在一定浓度范围内是线性的（线性范围）。对于检测标准样品，色谱仪的响应线性范围一般为 3～6 个数量级。在处理基质复杂的样品时，方法的线性范围则相对较窄，主要是由于样品基质的复杂性以及干扰物质的多样性所导致的。在分析复杂基质中的痕量组分时，待测物质的浓度通常较低，且浓度波动范围大，同时样品基质复杂，干扰物质多，这些因素共同作用，使液相色谱法的线性范围受到限制。因此，标准曲线不能任意延伸，在线性范围内的浓度定量才是准确的。方法的线性范围至少应该大于可能要求的检测浓度。

测定样品中的待测物质含量时，根据色谱峰响应值，由标准曲线方程计算得到样品的检测值。前处理过程中如有体积分取及浓缩，应用浓缩倍数换算得到含量值。

当样品中待测物质的含量变化不大，并已知其大概含量水平时，可以不必绘制标准曲线，而采用单点校正法定量，即直接比较法。做法是配制一个与待测物质含量接近的已知浓度的标准溶液，与样品在同样条件下测定。根据检测得到响应值和标准溶液的含量对样品中的待测物质进行定量。单点校正法实质上是以原点为另一数据点的简单标准曲线法。因此，当方法存在系统误差时（标准曲线实际上不通过原点），单点校正法定量的误差较大。下式为外标单点法计算公式，公式中未包含浓缩倍数。

$$X_i = E_i \cdot \frac{A_i}{A_e}$$

其中，X_i 是样品中待测物质的含量，E_i 是标准样中待测物质的含量，A_i 是样品待测物质色谱峰面积，A_e 是标准样中待测物质的色谱峰面积。

标准曲线法的优点是，标准曲线绘制后定量计算方便，适合同时检测大量样品。缺点是批间检测时，标准曲线往往需要重新绘制。由于绘制标准曲线采用溶剂配制标准样品，该方法对样品前处理过程的损失、基质成分的干扰无法补偿校正,准确度偏离较大。

以空白样品经过同样前处理得到基质液配制系列浓度的标准溶液绘制标准曲线称为基质匹配标准曲线,以此进行定量可以很大程度上消除基质的影响,但对前处理造成的待测物质的损失仍无法校正。在空白样品中添加已知量的标准物质,用经过同样的前处理过程得到的系列样品绘制校正曲线,称作工作曲线。工作曲线定量可很好地校正前处理损失及基质效应,达到很高的准确度,但缺点是与样品基质相同的空白样品不易获得,且不易得到质量高的曲线。药物残留检测标准方法多采用标准曲线法或单点法。

(二) 内标法

内标法是选择不同于待测物质的其他物质作为参比而对测定值进行校正的定量方法。具体做法是将已知量的参比物质(内标物)准确加入样品中,分别检测待测物质和参比物质的响应值,两物质的响应值之比对浓度比成正比关系,以此对样品中的待测物质进行定量。从原理上,待测物质与内标同时加入样品中,在同一色谱条件下同时进行测定,响应值之比不受进样量偏差的影响,也在很大程度上消除了仪器稳定性的影响,因此定量准确度可得到显著提高。

当样品中待测物质已知其大概含量时,也可以采用内标单点校正法定量。为使内标法适用于大量样品的分析,内标法也可以采用多个浓度绘制标注曲线,即内标标准曲线法。其曲线配制与外标法曲线不同的是,系列标准溶液中待测物质的浓度不同而内标物浓度相同。以响应值之比为纵坐标,标准溶液浓度(待测物质浓度)为横坐标绘制得到内标标准曲线。内标标准曲线与外标法的要求相同。样品中加入同一浓度的内标物。

液相色谱检测后,根据样品测定待测物质和内标物的响应值之比,从曲线方程中得到样品的测定值。下式为内标单点法校正因子及含量计算公式。

$$X_i = C \cdot \frac{A_i \cdot A_s \cdot C'_s}{A'_s \cdot A \cdot C_s}$$

$$f = \frac{A_s \cdot C}{A \cdot C_s}$$

其中,X_i是样品中待测物质的含量,C是标准样中待测物质的含量,A_i是样品中待测物质色谱峰面积,A_s是标准样中内标物的色谱峰面积,A'_s是样品中内标物的色谱峰面积,A是标准样中待测物质色谱峰面积。f是待测物质与内标物间的校正因子。

内标法的关键是内标物的选择。理想的内标物应具有与待测物质尽量相近的物化性质,使其在前处理过程以及色谱分离、检测器响应等诸方面与待测物质相近,具有良好的参比作用。内标物的要求包括,样品中不存在;结构或理化性质应与被分析组分相似或相近;内标物与待测物质色谱峰尽量接近,但要有足够的分离度而不致造成对待测物质色谱峰的干扰;同浓度下响应值与待测物质接近,不能相差悬殊;性质稳定。通常结构类似物较为理想,但若无结构相似物,也可用保留相近的物质作为内标。

内标法的优点是,进样量和色谱条件的变化对定量的影响小。如果在样品前处理之前加入内标,可部分补偿前处理造成的损失及基质效应。内标法可以较好提高检测的准确度和精密度。内标法的缺点也很明显。合适内标物的选择较为困难。如选择不当,对定量准确性影响较大。所有样品均须加入内标物,内标物的加入量要确保准确,操作较烦琐。

第四节　高效液相色谱仪的使用与维护

一、高效液相色谱仪的使用

（一）开机前准备

色谱准确定性和定量的前提是化合物的色谱峰的质量，即分离度、峰对称性以及响应的强度和稳定性，而保障这一目标的实现与仪器状态、试剂和样品的准备情况密切相关。

1. 溶剂

正确准备溶剂对于高效液相色谱实验是非常重要的。如果有机溶剂或者水的纯度差，比如含有有机物杂质，会导致基线噪声变大或者基线漂移，而有些杂质有相似的紫外吸收，则产生鬼峰，甚至会影响到方法的分离度。尤其是水的使用，如果水中除了氢离子和氧离子之外，还有其他的电解质的存在，有可能会因为重金属的反应，而对色谱峰的峰形造成影响。质量差的水或有机溶剂，还会引入一些颗粒物，堵塞色谱柱或者液相色谱仪的过滤芯，从而影响仪器性能增加维护成本。

溶剂纯度要求应采用HPLC级别溶剂，若溶剂含有杂质，杂质富集在柱头，随着溶剂强度的增大，杂质被冲洗产生鬼峰、干扰色谱分析。要保证配制流动相用水的纯度足够高。因为去离子水通常含一些有机化合物，因此不推荐用于HPLC分析。常用的超纯水是去离子水通过离子交换处理得到，推荐使用电阻率达到18.2MΩ纯水仪制出来的水作为流动相。注意，不要把HPLC纯水放在塑料瓶中，因为塑料中的添加剂可能会进入水中造成污染，造成明显的基线不稳。应用棕色玻璃瓶储存超纯水。色谱用水必须每日更换，以免因水的快速变质而影响色谱检测的稳定性。

2. 缓冲溶液

缓冲溶液的储存应有一定的时间限制，所有缓冲溶液都应现用现配，以确保缓冲溶液的 pH 值不会发生变化，同时避免微生物的滋生，影响色谱分离效果。注意不要长时间将色谱柱和 HPLC 系统充满水或缓冲液，要经常用至少含 20% 的有机溶剂冲洗系统。

3. 溶液的过滤与脱气

通常要求色谱相关的所有溶液都要通过 0.45μm 滤膜过滤后再使用，这样能够有效防止由于微粒存在导致流路以及色谱柱堵塞。所有流动相在使用前必须进行脱气处理，目的是除去流动相中溶解或因混合而产生的气泡，否则溶解在溶剂中的气体会在管路、输液泵，或检测器中以气泡的形式逸出，逸出的气泡对检测器和输液泵的正常工作会有干扰，使基线不稳、噪声增大，还可能改变保留时间和峰形，严重影响其定性与定量。

（二）样品准备

虽然液相色谱的进样量很少，但如果样品中含有颗粒物，同样会堵塞系统和色谱柱，所以样品过滤很有必要。样品过滤膜同样有专门过滤水和过滤有机相的，也有水相、有机相兼容的滤膜。样品过滤开始几滴滤液最好弃去，避免滤膜材料中的颗粒物进入滤液。需要注意的是，样品溶剂的组成对色谱行为的影响显著。如溶剂的有机相与水相的比例、pH 值及离子强度不恰当，样品的色谱分离行为可能出现异常，如色谱峰展宽、前延、拖尾等，即所谓色谱的"溶剂效应"。一般情况下，为避免溶剂效应，样品溶解的溶剂应尽量与液相色谱初始流动相的比例相同，同时考虑溶剂中的酸碱条件尽量不受影响。

（三）开机

严格按照仪器操作规范进行，开机前要检测各部件连接是否完好，接通电源，依次打开检测器、输液泵、待检测器自检结束，打开电脑控制软件，判断通信连接是否正常。以流动相灌注管路、密封圈、进样针等，排出管路中的气体，让流动相充满管路。

（四）仪器预热与色谱柱平衡

高效液相色谱仪开机后即可调用仪器中的现有色谱方法，或者根据拟建立的新色谱方法，分别设置泵流速、梯度比例与时间、样品室温度、色谱柱温度、检测器等参数，准备检测。但是此时不能立即进行样品检测，必须经过充分的预热与平衡两个动作后才可以检测样品。进样前需要先打开检测器经过一定时间的预热，其目的是使检测器光源开启后达到功率输出稳定的状态，从而使检测信号稳定可靠，避免基线漂移严重，确保检测的准确性。预热时间通常至少在30min。可以开启流动相流速，通过观察基线是否平稳判断预热效果。色谱柱温度及样品温度对分析物的色谱行为（色谱峰形、保留时间、响应）有显著影响，检测色谱柱及样品室的预设温度也必须有足够时间的预热才能稳定。

对于色谱柱而言，其柱内溶剂组成通常与拟采用色谱方法的流动相比例相差较大，需要替换成色谱方法中的流动相比例，而这个转换过程将引起柱压的明显波动，此时检测样品得到的检测信号与柱压稳定条件下的检测信号不具可比性，检测是无效的。开启流动相的相应流速后，应运行足够的时间，直至柱压显示稳定，即色谱柱的平衡。根据柱压波动幅度及基线稳定情况判断色谱柱平衡时间是否足够。

充分预热与平衡后，仪器即可进行样品检测。检测完毕后，先关闭检测器，再用溶剂灌注冲洗色谱流路。如使用了含盐流动相，则先用足量水灌注冲去流路中的盐，然后用甲醇冲洗污染物，并使流路中充满甲醇。

二、液相色谱法的方法转换

在首次采用检测标准建立液相色谱方法时，由于检测标准通常不明确体现所采用的色谱柱的品牌，而仅有类别与规格信息，可能与本检测实验室拥有的色谱柱的规格（色谱柱长度、内径、填料粒径和孔径等）有较大差异，因此无法直接照搬标准文本中的色谱方法，这是检测人员经常面对的问题。可以根据色谱的基本理论规律，将检测标准中的液相色谱方法转换到本实验室仪器上来，并可确保色谱分离效果基本一致。以下是色谱方法转换的原则与方法。

（一）保持原方法的分离度

样品溶液中可能含有多种目标分析物及多种杂质，因此要求色谱方法必须使所有分析物之间及其与干扰物之间均有足够高的分离度，确保定性定量的准确性。虽然有理论上的转换方法，但不同品牌的色谱柱固定相填料的工艺方法可能存在明显不同，因此包括键合基团、粒径、孔径、填料密度形状及空隙体积等的特点也有差异，导致色谱分离能力有所不同。应尽可能采用同品牌同类型填料的色谱柱，降低方法转换的难度。

（二）色谱方法的流动相梯度

流动相梯度是单位时间内流动相比例的变化值。在同类色谱柱条件下，保持流动相梯度不变则可以获得相同的分离度。设置流动相梯度时间（梯度开始到结束）时，梯度不变则梯度时间正比于色谱柱体积，反比于流动相流速。

（三）色谱柱长与粒径

色谱柱长与填料粒径是决定柱效的主要因素。柱长与粒径的比值与分离度正相关。若粒径由 5μm 变为 1.7μm，柱长缩短一半以上即可达到同样的分离度，因此可显著缩短分析时间，节省流动相。常用的长 150mm、内径 4.6mm、粒径 5μm 的色谱柱的柱效相当于 UPLC 的长 50mm、内径 2.1mm、粒径 1.7μm 的色谱柱；长 250mm、内径 4.6mm、粒径 5μm 的色谱柱的柱效相当于 UPLC 的长 100mm、内径 2.1mm、粒径 1.7μm 的色谱柱。

（四）流动相流速与色谱柱内径

色谱柱内径是指直径。若要保持流动相线速度不变，则流动相流速（体积流速）与色谱柱内径的平方成正比。在分离度及保留时间不变的前提下，流速得到降低，节省流动相。若适度提高流速则可进一步提高分析速度。单纯地提高流速，分离度有所下降，同时要求色谱系统承受更高的压力。

参考文献

Snyder L R，1998. 张玉奎，王杰，张维冰译 . 实用高效液相色谱法的建立［M］. 北京：科学出版社 .

方惠群，于俊生，史坚，2002.仪器分析［M］.北京：科学出版社.

汪正范，杨树民，吴侯天，等，2001.色谱联用技术［M］.北京：化学工业出版社.

汪正范，2000.色谱定性与定量［M］.北京：化学工业出版社.

王利，汪正范，牟世芬，等，2001.色谱分析样品处理［M］.北京：化学工业出版社.

第六章　液相色谱串联四极杆质谱法

与 HPLC-UV、HPLC-FLD 相比，液相色谱质谱法（HPLC-MS/MS）检测过程同样由色谱分离、分离后检测两个步骤，只是检测器差异较大。质谱检测器有其不可忽视的特点，不仅检测原理根本不同，还在于其灵活而较复杂的定性方式以及定量方法的差异。同时由于其原理根本不同，质谱仪对样品化学组成、流动相、环境条件的控制等均有不同于 HPLC-UV、HPLC-FLD 的较严苛的要求。因此，对于 HPLC-MS/MS 方法而言，除了要重视色谱分离的性能外，质谱条件对获得可靠检测信号的影响更大，方法开发使用者需要付出更多的工夫用在质谱多个参数的优化、质谱仪状态稳定性等方面。因此仪器分析检测类书籍通常将 HPLC-MS/MS 单独加以介绍。药物残留检测采用的主要液相色谱串联质谱仪是配有电喷雾离子源（ESI）的四极杆质谱，本章主要介绍该类型仪器的工作原理与应用。

第一节　质谱法原理概述

紫外、荧光等光谱类检测器，通过检测化合物特征波长的吸收光或发射光获得检测信号，表示该化合物的存在（定性）

及浓度（定量）。化合物一定的结构基团是赋予其特征波长的光学行为的原因。有特征吸收或发射光波长，才能采用光学检测器。特征光学检测信号及色谱保留时间参数，共同构成了化合物的定性定量依据。测定基质复杂的样品如生物样品，化学成分十分复杂，具有与分析物类似结构的化合物种类众多，其中难免有与分析物色谱检测特征类似甚至相同的物质存在，因此造成对分析物测定的干扰，有出现"假阳性"结果的可能。特异性不足是 LC-UV、LC-FLD 等一般液相色谱法不能作为确证方法的原因。质谱法是与光谱法并列的一种谱学检测方法，质谱的出现大大增强了分析物准确定性的能力。质谱检测原理的核心是将基于分子结构的质量数及电荷性质作为检测的参数，即质谱检测器相当于称量化合物质量的"天平"。光谱之"谱"是化合物对不同长短波长光的响应强度形成的谱图，质谱之"谱"则是离子化后的化合物及离子化碎片的质荷比（质量数与所带电荷数的比值，m/z）按大小排列的谱图。因此质谱实际上是对化合物分子整体结构的鉴定，其定性的准确性远高于光谱学检测，是化合物的确证检测方法。

质量分辨率较低的四极杆质谱检测的定性方法是检测分析最常用的常规方法，可满足已知目标分析物的定性要求。三重四极杆是最灵敏和定量重现性最好的质谱仪类型，是药物残留检测的基本质谱仪器。

一、质谱检测器工作基本原理

质谱检测化合物的基本原理是，样品中的化合物形成一定质荷比（m/z）的荷电离子，在电场的作用下形成离子束，离子束到达离子检测器形成电流信号。质荷比与设置的电场参数是一一对应的，一定的电场只允许一定质荷比的化合物离子通过并到达离子检测器而形成检测信号，其他质荷比的化合物离子则在此电场参数下无法形成检测信号，从而实现对不同质荷比化合物的识别。

图 6-1 是质谱检测化合物氟哌啶醇的结果。氟哌啶醇的分子式 $C_{21}H_{23}ClFNO_2$，分子量为 375.1。结构中有一个叔胺氮原子，加合一个 H^+，形成母离子。母离子的质量数为 376（此处采用的是四极杆质谱仪，分辨率低，质量数取整数），电荷数为 1，因此质荷比为 376。在施加碰撞能量后，母离子部分化学键断裂，脱去一个水分子，产生若干分子碎片，其中的四个带正电荷的碎片离子为子离子，质荷比分别为 358、194、165、123。母离子与子离子进入质量分析器，不同质荷比的离子分别在变化的电场中被扫描检出，生成由各种质荷比值（横轴）及其响应强度（纵轴）组成的质谱图。

从氟哌啶醇质谱检测原理可见，与光谱检测器检测化合物在特征波长处的吸收或发射不同，质谱法检测的是基于化合物结构及衍生的碎片离子的质荷比。复杂基质样品成分中可能有质荷比与分析物相同的干扰化合物，包括以下几种情况。一是分子量为分析物的整数倍，但电荷数大于 1，但质荷比相同；二是分子式不同，分子量、电荷数均相同，但质荷比与分析物相同；三是分子式、电荷数相同但结构式不同，质荷比相同。这三种情况下杂质干扰化合物与分析物的质荷比均相同，分辨率低的四极杆质谱检测器仅靠检测母离子的质荷比是无法区分的。通过将母离子碎裂形成碎片离子，质谱可同时给出其子离子的信息。同时提供母离子及子离子的信息可以大大增强检测信号的特异性，因为干扰物分子结构与目标分析物根本不同，因此产生的特征子离子并不相同，据此差异即可将上述三种质荷比相同的干扰化合物与分析物识别出来，这是质谱法不易产生"假阳性"结果而被公认为确证方法的主要原因。

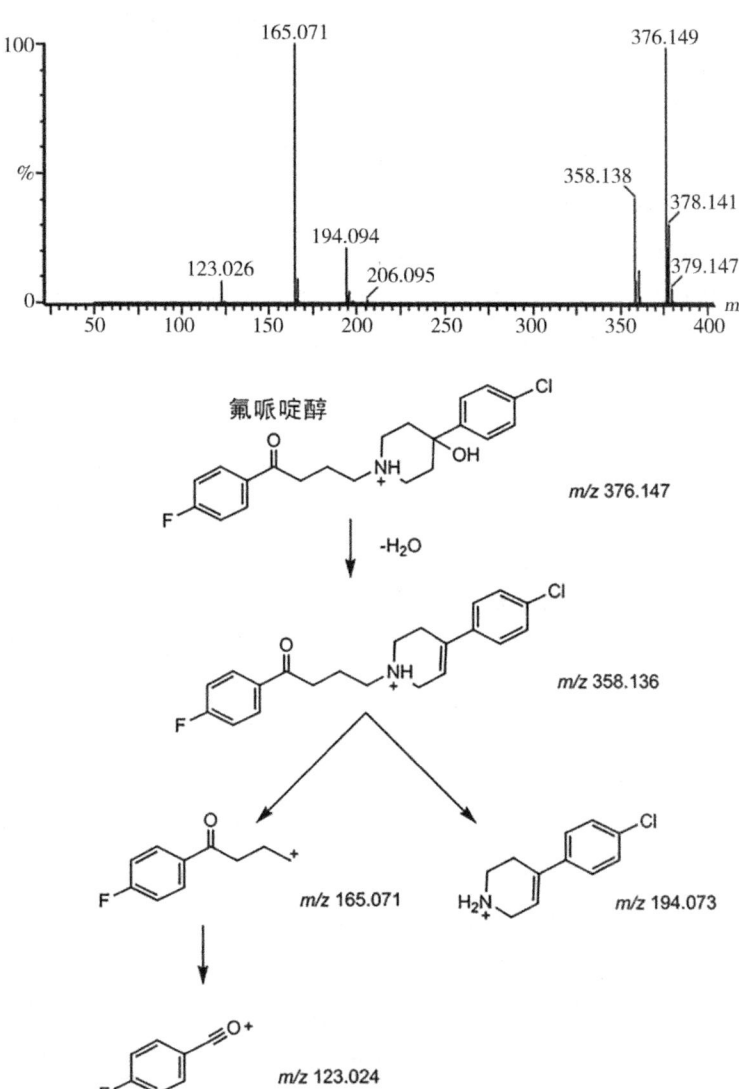

图 6-1 氟哌啶醇质谱图的生成原理

二、四极杆质谱检测器的基本结构

质谱检测器是在高真空度腔体中检测气化的单个离子的质荷比，因此要求样品进入检测器的样品必须满足两个条件。一是离子化状态，即化合物必须带电荷；二是气化，即离子必须是游离的单个离子，而不可形成自身多聚体或与其他无关化合物缔合，样品中的其他物质及溶剂也应充分气化。根据质谱法的检测原理，样品在质谱检测器中的分析需要在真空腔体内依次完成样品化合物的气化、离子形成、离子在电场中的运动、产生电流信号等基本步骤。相应的质谱检测器的基本结构有真空系统、接口系统、离子源或电离室、质量分析器、离子检测器（打拿极）等基本部分。

1. 真空系统

质谱检测化合物离子必须在高真空腔体内进行。检测离子的运行只应在质量分析器设置的电场力作用下运动，以保证质荷比与电场参数为一一对应关系，确保检测的准确性。如果真空度不足而存在空气中的气体分子，离子将与之发生碰撞，影响离子束的正常运行轨迹，甚至发生化学反应，导致目标离子的损失。真空度低还会导致检测信号本底增高，干扰质谱图，引起高压放电等，必须达到足够的真空度并保持稳定。真空的形成和保持依靠外设的机械泵和质谱仪内置的分子涡轮泵完成。分子涡轮泵制造精密且转速很高，正常运转时要避免突然断电导致损坏。

2. 接口系统

质谱检测器只能在高真空度条件下检测气化的化合物离子，而化合物溶解在从液相色谱分离得到的样品液体中，不能直接进入检测器。必须首先把从色谱分离得到的样品溶液进行气化，因此需要在色谱仪和质谱仪之间有一个液-气转换的适配组件，即质谱的接口,实现将离子有效传输到质量分析器中。尤其是质谱检测器和常压真空离子源(如 ESI 源)之间的温度、压力、浓度存在巨大差异,质谱仪要求在高真空和常温条件下工作,并且要求离子在运动中不产生碰撞。如何将这些离子有效地传输到高真空、常温下的质谱仪,这是接口技术所要解决的问题。接口需要最大限度地让所生成的离子通过,保持样品离子的完整性,二次离子产率及二次放电尽可能避免、不易堵塞,并且不因为连续进样而影响真空度。为确保样品充分气化并且进入真空腔的样品量不至过高,通常要求色谱的流速不能太高。电喷雾离子源常用金属材质的毛细管喷针,通过高温及加热的惰性气体吹扫实现样品溶剂的挥发,化合物形成气化状态。图 6-2 是电喷雾离子源接口的结构及样品气化的示意,图 6-3 显示锥孔处的反吹气体的作用。

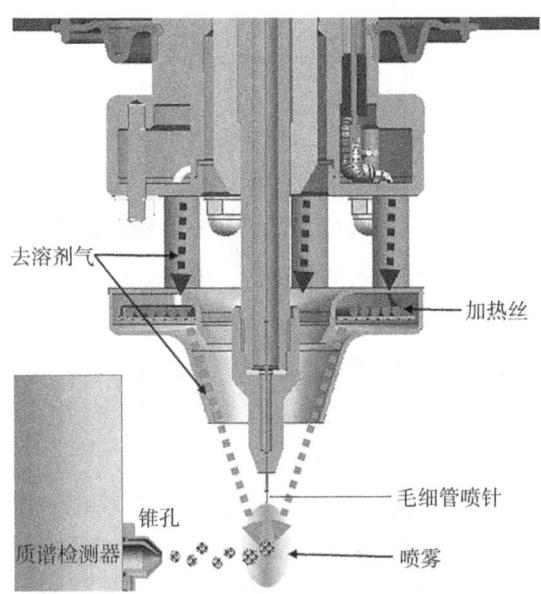

图 6-2 电喷雾离子源接口结构及样品气化示意

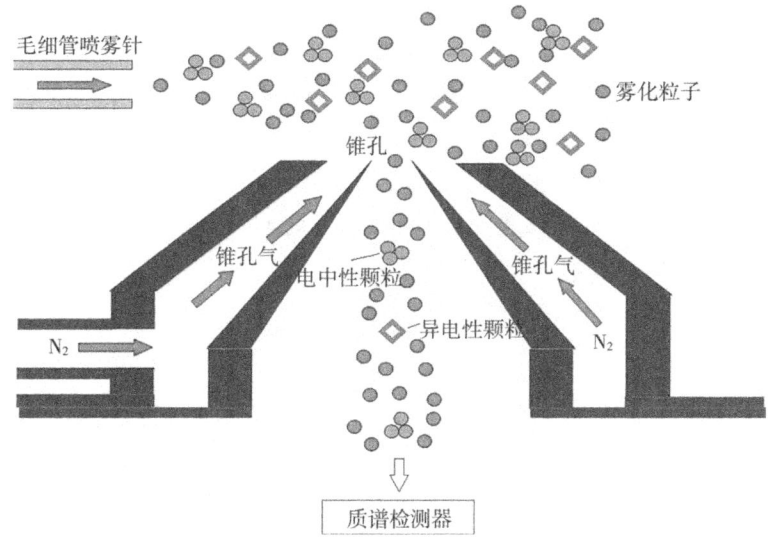

图 6-3 锥孔反吹气体的作用

3. 离子源或电离室

质谱检测带电离子,色谱分离的样品中分析物可能是中性的,因此除了首先要气化外,还必须令分析物离子化。分析物离子化可以在样品溶液中添加酸、碱加以辅助,离子源施加高电压也促进化合物离子化。离子源的高电压也促进了样品喷雾的气化。图 6-4 是电喷雾离子源形成雾化离子化的示意。毛细管电压的作用下喷雾形成的样品荷电小液滴被拉向锥孔,带电离子积聚在液滴前端表面,电荷斥力大于液滴表面张力而破裂,液滴逐级变小,最后形成气化离子进入检测器内。离子化的效率是检测灵敏度的主要影响因素。

4. 质量分析器

质量分析器是形成电场,将离子源产生的化合物离子以及二级碎片离子按质荷比 m/z 的大小识别的部件。其性能决定了检测的分辨率、准确性、速度和灵敏度,因此是质谱检测器的核心部分。质量分析器种类较多，性能及用途各有特色。质谱种类很多，可从不同角度分类。就质谱检测器而言（不含前端的色谱分离系统），从质谱的质量分辨能力角度，质谱可分为高分辨质谱和低分辨质谱；根据分析物的电离方式，可分为软电离和硬电离模式质谱；根据工作方式可分为四极杆质谱、离子阱质谱、飞行时间质谱及磁质谱等。四极杆质谱是药物残留检测使用的主要类型。

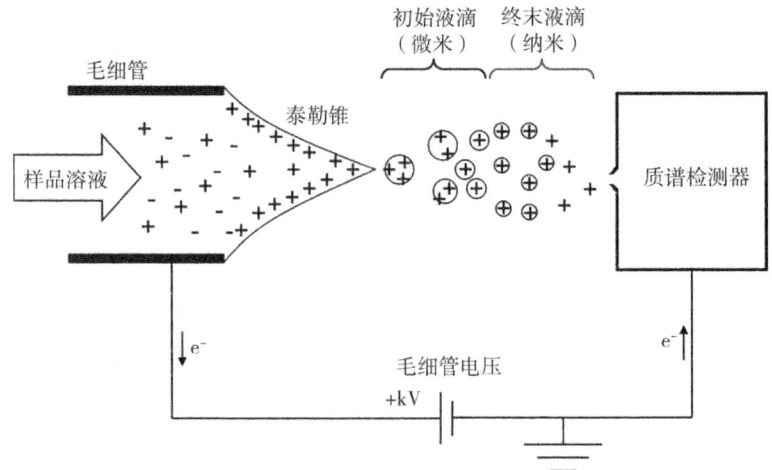

图 6-4　电喷雾离子源雾化离子化（正离子模式）

四极杆质量分析器（Quadrupole Mass Analyzer）是由四根平行并与中心轴等间隔的圆柱形或者双曲面柱状金属棒电极构成的。相对的两根电极施加相同电势，构成正、负两组电极，施加直流（DC）和射频（RF）电压，产生一个动态电场。来自离子源的离子在电场中的运动轨迹由 Mathieu 方程确定，满足方程稳定解的即有稳定振荡的离子能通过此电场。控制四极电压变化，使一定质荷比（m/z）的离子通过动态电场到达离子检测器。电场变化的每一个瞬间，只有一种质荷比的离子能够通过选择电场而产生检测信号,其他质荷比的离子会偏离四极杆区域被真空系统抽走。

为产生更丰富的子离子信息,增强定性能力,将多个四极杆串联使用即是三重四级杆质量分析器(QQQ)。两个分析四极杆之间为碰撞池,通常也设计成四极杆的形式,因此称作三重四级杆。来自前端四极杆的离子,在施加电压控制离子动能的条件下,与输入碰撞池内的少量惰性气体分子(高纯氩气或氮气)发生碰撞,产生碎片离子。碎片离子进入后端的分析四极杆,利用电场对不同质荷比的碎片离子进行识别,识别通过的离子进入离子检测器(图6-5)。三重四级杆质谱因其扫描快速,使用简单且成本相对较低,成为常规质谱分析的最主要质谱类型,广泛应用于食品、环境等的检测。

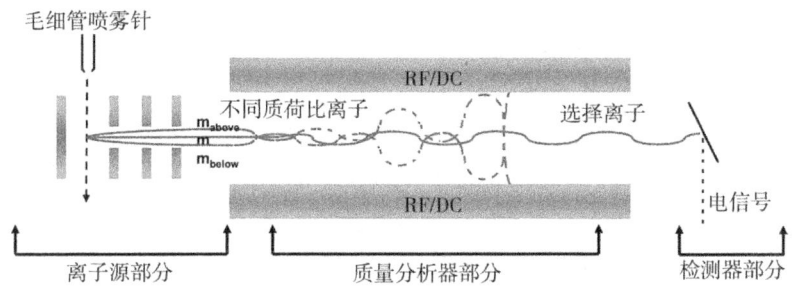

图6-5 四极杆质量分析器工作原理

5. 离子检测器

离子检测器是检测和记录来自四极杆等质量分析器的离子流的部件。离子流不能直接输出到计算机中,必须将离子的信号转换成电子流,才能形成检测信号。质谱仪中离子检测器用于检测和记录离子流的强度。离子检测器类型有法拉第杯、分离打拿极电子倍增器等。

三、质谱法相关的概念与术语

质谱检测化合物的质荷比，因此应清楚化合物质量及离子化相关的基本概念，有助于理解并正确判断检测信号的可靠性。畜禽产品药物残留检测主要采用电喷雾离子源三重四级杆质谱仪，以下主要介绍这一类型仪器相关的基本概念。

（一）化合物

1. 化学元素（Chemical Element）

具有相同的核电荷数（核内质子数）的一类原子的总称，如碳元素（C）、氢（H）、氧（O）、氮（N）、氯（Cl）等。单个元素粒子为原子（Atom）。原子包括原子核里带正电的质子和不带电的中子，原子核外的电子。

2. 同位素（Isotope）

质子数相同而中子数不同的同一元素的不同原子互称为同位素。在自然界中不同元素的同位素比例不同。如氯元素有 ^{35}Cl 和 ^{37}Cl，天然丰度分别约为 75.77% 和 24.23%。氢有三种同位素，氕（^1H）天然丰度 99.98%。同位素有长短不一的半衰期，其中半衰期超长的成为稳定同位素，检测中所用的同位素内标物即用稳定同位素标记而成。含有同位素的化合物因质量不同可被质谱检测识别，检测出多个丰度不一的同位素峰。

3. 元素质量数（Mass Number）

原子中质子、中子及电子的质量之和。国际组织赋予 ^{12}C 原子的质量为 12，以此作为其他所有元素的衡量标准。^{12}C 原子的 12 分之 1 作为 1 个原子质量单位（Amu，Da），质子和中子的相对质量分别为 1.0073 和 1.0087，电子质量极小约为 0.00055。对于多电荷的小分子而言，高分辨质谱检测时电子的质量数不可忽视。

由于有同位素的存在，元素周期表元素标注的原子量并不是单一同位素的原子量，而是通过计算元素中各种同位素的原子量及其在自然界中的百分比后加权平均得出的平均质量数。在质谱方法开发时，应注意必须以单一同位素的原子量计算化合物的分子量。检测标准等文献中，标示的质荷比可能是平均分子量，简单照搬使用可能无法检测出化合物信息。

4. 单同位素质量（Monoistopic Mass）

通常情况下，每种元素均按天然丰度最高的同位素计算得到的化合物的质量数，即单同位素质量。电荷数相同时，单同位素质量有机化合物的质荷比一定是最小的。例如氢元素中氕天然丰度远高于氘，因此含氢元素个数较少的小分子化合物，单同位素质量的分子丰度最高，质谱图中相应的（准）分子离子峰最高。含大量氢元素的大分子化合物则其单同位素质量分子丰度可能不是最高的。

（二）质谱中的离子

1. 母离子（Parent Ion）与子离子（Daughter Ion）

不带电荷的化合物经粒子轰击以及加合或解离阴离子、阳离子等方式而携带电荷成为离子，称为母离子。母离子在质谱检测器内发生化学键断裂生成的碎片离子，称为源自母离子的子离子。通常以响应最强（丰度最高）的子离子作为定量子离子，子离子色谱峰面积是质谱检测定量的依据。响应次之的子离子作为定性离子。

2. 离子丰度比

离子丰度比指质谱的离子检测器检测到的不同质荷比的离子数量的比值。对于化合物检测而言，指的是产自同一母离子的不同子离子的数量比，表现为色谱峰面积的比值，通常用定性离子峰面积除以定量离子峰面积。是质谱定性的主要指标之一。

3. 准分子离子（Quasimolecular Ion）

化合物通过加合或者解离阴离子、阳离子而形成的母离子。因为加合或解离了离子，其质量数比分子量多或少若干个质量单位，如 $[M+H]^+$、$[M-H]^-$ 等，因此不是分子离子，称为准分子离子。不含未配对电子，结构上比较稳定。

4. 同位素离子（Isotope Ion）

通常是指含有低丰度同位素的离子。例如氯霉素分子式 $C_{11}H_{12}Cl_2N_2O_5$，其中 5 个氢原子为同位素氘原子则是同位素内标氯霉素 $-D_5$，质量数不同，在质谱图上荷质比不同。与同位素离子相对应的峰称为同位素离子峰。

5. 加合离子（Adduct Ion）

加合离子是由前体离子与一个或多个原子或分子相互作用形成的离子。包含前体离子的所有原子组成以及关联原子或分子的附加原子。例如，在电喷雾离子源中的含氮化合物分子通常与 H^+、Na^+ 或 NH_4^+ 等阳离子加合，也可以与 H_2O、CO_2 等分子加合，或者同时加合离子与分子。为提高离子化效率，可在样品或流动相中加入少量甲酸、氨水。加合离子在质谱中可以作为分析的目标离子（母离子、子离子），是质谱分析中的主要信息。图 6-6 是林可霉素分别加合 H^+、K^+ 的母离子质谱图。在酸性条件下（加入甲酸）含 N 的碱性化合物在正离子模式下（ESI+）化合物（有含 N 结构）常用的加合离子是 H^+，如果化合物离子化效率低，可以加入 0.1% 左右的色谱级甲酸增强响应。负离子模式下（ESI–）通常是分子脱去 H^+（含羧基的化合物），或者加合甲酸根、乙酸根等负离子。负离子模式下可加入 0.1% 左右的色谱级氨水防止样品的酸性环境对离子化的显著抑制。pH 值对质谱检测信号强弱有重要影响。残留药物多为弱碱性，在碱性条件下不易离子化，因此应特别注意流动相的酸碱性。

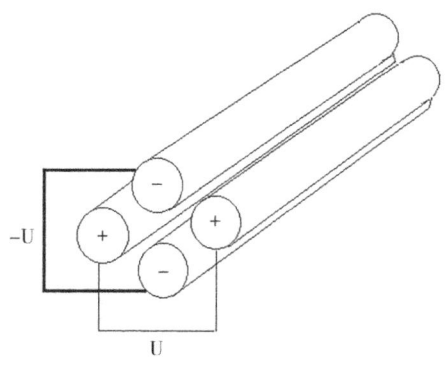

图 6-6 四极杆质量分析器

（三）质谱设置

1. 校准（Calibration）

校准是指通过调整质谱质量分析器的参数，使其能准确识别已知质荷比的标准物质的操作。校准是对质谱质量轴等进行的校正，相当于对质谱进行校准，以确保质量轴精度和质谱分辨率。常用 PEG、利血平等物质作为校准物质。校准的目的是确保质谱仪在分析过程中能够准确地将离子的质荷比（m/z）与其在质谱图中的位置相对应。当灵敏度降低甚至没有检测响应或杂峰明显时，有可能质量轴偏离，应及时校准。

2. 调谐（Tunning）

调谐是指调节优化质谱仪的多个参数，使其达到最佳工作状态的过程。通过离子源部件的电压、电子倍增器电压等参数优化质谱峰的强度、灵敏度、准确的质量分配，以及质谱峰的分辨率。调谐是质谱使用中非常重要的一环，通过调谐可以确保质谱仪的性能达到最佳状态，从而提高分析结果的准确性和可靠性。当灵敏度明显降低或长久停机后启用时必须进行调谐。

3. 毛细管电压（Capillary Voltage）

施加在毛细管喷雾针和锥孔间的高电压。作用是诱导促进样品的离子化，对离子化的化合物施加电场力引向锥孔，对促进雾化进程起到一定作用。电压过低可能导致化合物离子化效率低，过高则可能引起离子源内碎裂，易引起源内放电，同样会引起灵敏度下降。

4. 锥孔电压（Cone Voltage）

离子源锥孔处设置的电压。作用是为喷雾形成的离子化分子提供动力，促进离子进入锥孔。提高电压导致离子速度快，减少离子损失，降低离子间的缔合，提高检测灵敏度。过高的锥孔电压会增加离子间的碰撞，化合物离子发生源内裂解而损失。有的质谱有去簇电压，其功能大致相似。

5. 脱溶剂气温参数（Desolvation Gas/Temperature）

辅助促进样品中溶剂蒸发气化的气体称脱溶剂气，通常为高纯氮气。作用是通过高温和吹扫促进样品溶剂的蒸发，提高电喷雾过程效率。色谱流速快，样品含水量高时，脱溶剂气温度及流速应适当提高。

6. 锥孔气（Cone Gas）

在锥孔处向离子引入相反方向输送的气体。有的仪器称反吹气、气帘气。作用是阻止喷雾中的中性粒子进入锥孔。过高可引起灵敏度下降。

7. 碰撞气（Collision Gas）

质量分析器碰撞室中输入的与化合物离子碰撞产生碎片的惰性气体。为免与分析化合物发生化学反应，碰撞气必须是惰性气体，如氩气或氮气。

8. 碰撞能量（Collision Energy）

前体离子与碰撞气碰撞的能量的电压值。作用是提供使前体离子碰撞碎裂的能量。在质量分析器中给离子施加一定的电压，赋予离子动能。由于化合物分子量及结构刚度不同，需要优化碰撞能量以获得合适的子离子丰度。

（四）质谱信号采集

1. 全扫描（Full Scan）

质谱检测并记录指定质量范围内的所有离子成为全扫描。一级全扫描可以获得化合物的准分子离子信息。二级质谱或多级质谱，全扫描可以获得化合物的所有碎片离子信息。

2. 产物离子扫描（Product Scan）

在这种模式下，一级四极杆锁定某一质量的母离子，输送到碰撞池碰撞解离，产生的碎片进入二级四极杆进行全扫描，得到的是源自母离子的所有子离子的信息，常用于质谱方法的开发。

3. 多反应监测（Multiple Reaction Monitoring，MRM）

多反应监测是指同时对特定的母离子及其碎裂产生的多个特定的子离子的监测。由于多级四极杆的筛选作用，多反应监测尤其适合对复杂样品中目标化合物的定性和定量分析，是药物残留质谱检测法的工作模式。

4. 质谱轮廓图（Profile）

在轮廓图数据中，可看到质谱峰的形状。每个质量单位被分成许多采样间隔。离子流强度由每一个采样间隔决定，形成一张连续的强度曲线。一般采用这种采样方式来调谐校正仪器，因为只有这种数据类型才可以得出分辨率。

5. 质谱棒状图（Centroid）

棒状图的强度是每个采样间隔强度和，质量数就是中间采样间隔的质量数。棒状图采样速度更快，数据更小，处理速度也更快，但是无法得出分辨率。

6. 总离子流图（Total Ion Chromatogram，TIC）

质谱连续扫描进行数据采集，将每一张质谱图中所有离子强度相加，以离子强度为纵坐标，时间为横坐标绘制的色谱图。

7. 提取离子色谱图（Extracted Ion Chromatogram）

针对质谱扫描的离子中选定母离子及其子离子监测色谱图。可以从总离子流图中提取获得。是对化合物定性和定量的基本信息。通常选择相应较强的子离子为定量离子，较弱的离子为定性离子。通过积分峰面积作为响应强度进行定性和定量。

8. 基质效应（Matrix Effects，ME）

基质效应是指在质谱分析中，样品中的非目标化合物（基质成分）对目标化合物的检测产生干扰，导致目标化合物的信号增强或抑制的效应。大多情况下表现为基质抑制。基质效应可对方法的定量限、检出限、线性、准确度和精密度产生严重的影响。产生基质效应的主要原因是基质成分对样品的雾化离子化效率的影响。脂类、蛋白质等基质成分以及前处理中引入的表面活性剂等是造成基质效应的重要因素。动物产品药物残留检测实践中引起基质效应的主要成分是磷脂。磷脂具有表面活性剂性质，严重抑制样品的雾化效率和离子化效率。图 6-7 总结了不同前处理策略及溶剂对磷脂去除效果的差异。

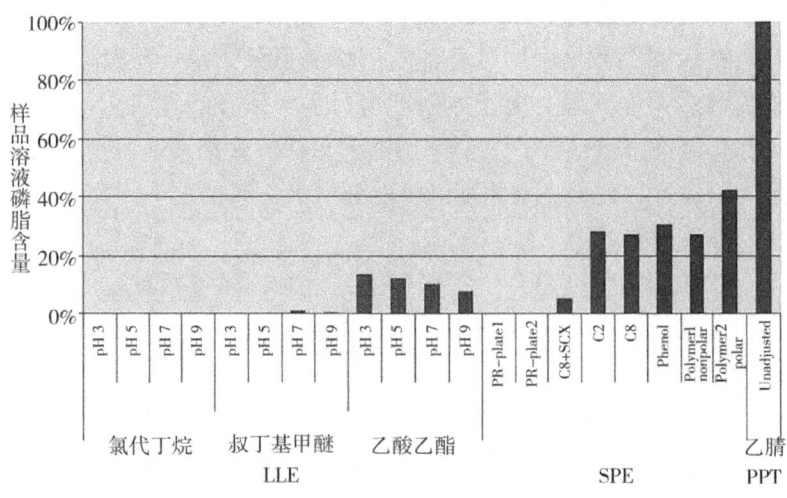

图 6-7　前处理方法除磷脂的效果

第二节　高效液相色谱串联四极杆质谱仪器简介

LC-MS/MS 的基本结构主要包括液相色谱进样系统、电喷雾离子源、质量分析器、检测器、真空系统和计算机控制与数据处理系统，另外还包括空调及氮气、氩气供应等附属设备（图 6-8）。

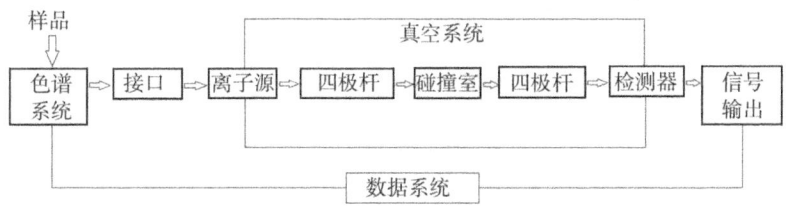

图 6-8　LC-MS/MS 系统的基本结构

一、高效液相色谱进样系统

LC-MS/MS 的进样系统即液相色谱部分。LC-MS/MS 以质谱作为检测器，要求样品的洁净度更高。初始样品溶液来自复杂基质样品，经过前处理后仍是成分复杂的混合物溶液，且杂质浓度远高于分析物，同时进入离子源将严重干扰检测过程。液相色谱的作用是尽量将分析物与杂质成分分开，在不同时间进入离子源，大幅降低基质效应。对于多残留检测，液相色谱可将多个分析物通过色谱分开，满足质谱在不同时间检测不同化合物的要求。由于样品需要快速雾化和离子化后进入真空腔内分析，要求样品量较小，因此需要液相色谱具有高柱效、高压力、高效率。LC-MS/MS 早期采用高效液相色谱仪，为提高分析效能，目前超高效液相色谱仪（UPLC、UHPLC）等已成为串接质谱检测器的主流色谱仪。超高效液相色谱均采用粒径低于 2μm 的色谱柱填料，可在数分钟完成一次多种化合物的分析，与四极杆质谱检测器的匹配度更高，检测效率显著提高。

二、电喷雾离子源（含接口）

质谱检测的是气化离子化的化合物，离子源是将化合物雾化离子化的功能模块。

电喷雾离子源（Eectrospray Inization，ESI）是 LC-MS/MS 最常用的一种离子源。来自液相色谱的样品流出液流入内径很小的毛细管喷针（接口）形成细小喷流，毛细管外侧通入高温氮气（脱溶剂气），并在高温下促进蒸发雾化。质量分析器入口为锥孔。在毛细管与锥孔之间施加高电压，促进离子化并使离子聚积于雾化液滴表面发生库伦爆炸，产生不断缩小的液滴。同时源内高温促进液滴中溶剂的蒸发。多种作用共同作用最终形成气化离子。锥孔前的离子源腔体内的压力接近大气压，锥孔后的质谱检测器则为较高真空度的腔体，对气化的分子与离子有吸入作用。锥孔电压促进一种电荷的离子进入。锥孔处常设有反向的气流（锥孔气或气帘气）以减少中性杂质的进入。离子源的气流量、温度及电压的设置应进行优化，避免雾化离子化效率不足及源内裂解的发生，有助于灵敏度的改善。

三、四极杆质量分析器

质谱的质量分析器是分析各离子质荷比（m/z）的核心部件，是质谱的心脏。四极杆（Quadrupole）是残留检测的最常用质量分析器，其结构如图 6-9 所示。四极杆由四根带有直流电压（DC）和叠加的射频电压（RF）的平行圆柱形或双曲面形金属棒构成，相对的一对电极是等电位的，两对电极之间电位相反。当一组质荷比不同的离子沿平行杆轴向进入由 DC 和 RF 组成的电场时（图 6-10），只有满足特定条件的离子（即 m/z 值一定）作稳定振荡通过四极杆，到达监测器而被检测，其余离子则偏离四极杆电场轴向区域而湮灭。

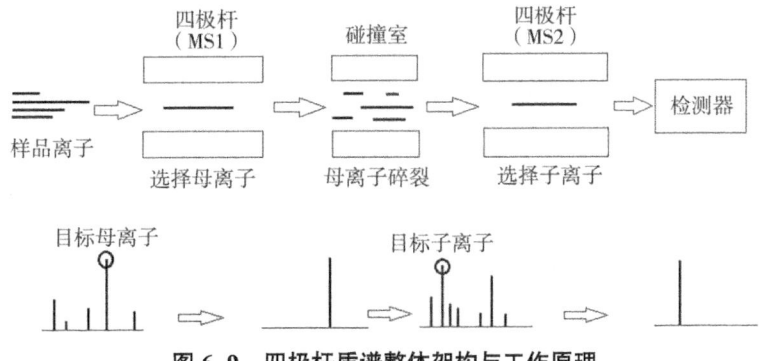

图 6-9　四极杆质谱整体架构与工作原理

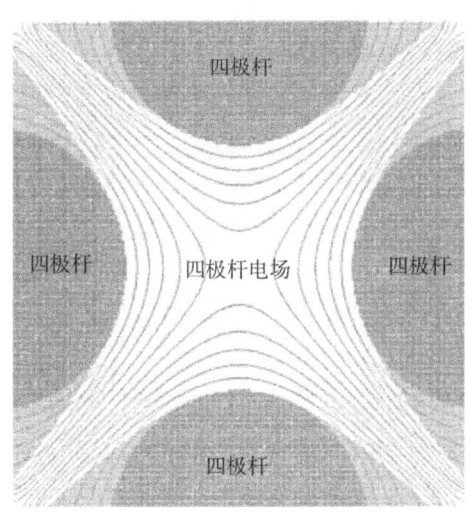

图 6-10　四极杆电场

在 LC-MS/MS 的串接四极杆质量分析器中有两个分析四极杆，分别可执行全扫描、选择离子扫描。两个分析四极杆之间有促使母离子碎裂的碰撞室，通常也设计成四极杆、六极杆，或八极杆等形式，施加的电场有选择离子的作用。除上述主要结构外，还可能有起聚焦离子束、净化离子作用的离子透镜等提高性能的附属结构。

检测来自质量分析器的离子并将测量的离子流强度转换为电流强度的检测器。分析物离子不能被计算机直接记录呈现，需通过离子检测器的转换才能得出质谱图。一种常用的离子检测器由打拿极（Dynode）和电子倍增器组成，前者被离子轰击将离子信息转换成电子（电流），后者则将电流信号放大。形成电流信号后，计算机及仪器软件系统即可形成质谱图和色谱图。离子检测器响应灵敏度可受使用时间和使用习惯因素而衰减。

仪器还包括真空系统和计算机控制与数据处理系统。真空是质量分析器工作的理想环境。真空度越高，四极杆的灵敏度和准确性就越高。四极杆质谱仪真空度在质量分析器处通常在 10^{-6} Pa 以下，应随时观察质谱的真空度是否满足要求。质谱仪通常串联外置机械真空泵及内置分子涡轮真空泵。外置机械泵有油泵和无油泵。计算机控制与数据处理系统（工作站）的功能包括：监视和控制质谱及色谱各单元的工作状态；快速准确地采集和处理数据；自动地定性定量分析；自动生成原始分析报告。

四、四极杆质谱检测器的工作模式

在化合物质谱检测方法开发和应用的不同场景下，要求四极杆电场适应不同的变化模式（图 6-9）。当需要检测从离子源导入质量分析器（四极杆）的样品中所有离子的信息时，需要四极杆电场从低到高的变化过程（扫描），使 m/z 在一定范围内的所有离子均得到检测，这种扫描方式叫全扫描。如只需要检测已知 m/z 值的离子，称为选择离子扫描。还可以通过两个分析四极杆之间固定的电场偏移实现母离子丢失中性碎片（如水、二氧化碳分子）的分析，即中性丢失扫描。三重四极杆因为有两个分析四极杆和二者之间的碰撞室，还可以先将前体离子碰撞成产物离子，通过后端四极杆测定知前体离子的子离子。多反应监测模式是化合物定量定性测定的基本模式。其他扫描模式则多用于质谱方法开发或者化合物增强定性功能。

第三节　液相色谱串联质谱法定性与定量

液相色谱串联四极杆质谱（LC-MSMS）也属于液相色谱的一种，因此后者定性定量依据的同样是色谱峰的信息。由于质谱检测器采集信息的原理和特点不同于光学检测器，LC-MSMS 的定性与定量也有根本不同的地方。

一、液相色谱串联四极杆质谱法质谱图与色谱图

液相色谱串联四极杆质谱法同样是通过化合物色谱峰进行定量的，但是由于检测器原理的根本不同，色谱峰的形成原理也根本不同，定量方法也与光学检测为原理的液相色谱法有明显的不同。为进一步理解液相色谱串联四极杆质谱定量的方法，首先应了解其色谱图的生成过程及进行定量时色谱图的使用方法。

液相色谱串联四极杆质谱检测的指标并非单一固定的，需要在一个色谱峰的时间内同时兼顾测定多个质荷比不同的离子，对应不同的四极杆电场，因此需要四极杆电场快速不断地在多

个电场间转换，必须在一个色谱峰宽度（时间）内给每个不同 m/z 的离子分配相应的信号采集时间，因此色谱峰是由多个采集数据点组成的，再由控制软件拟合生成连续的色谱图。

液相色谱串联四极杆质谱通过动态电场选择不同 m/z 值的离子到达离子检测器，获得检测信号。检测一种离子对应一个电压值，为了产生足够的信号强度，电压需要保持一定时间，因此同一时刻只能监测一种离子的信号。对于多反应监测（MRM）模式而言，化合物的定性离子和定量离子都要被监测，则四极杆电压要在两个与离子 m/z 值对应的电压值之间转换，因此检测得到的原始信号是两个离子的交替产生的不连续信号。由于质谱扫描时的电压转换可控制在毫秒级时间，因此可以在色谱峰时间内获得够用的信息，通过控制软件拟合成连续的色谱图。图6-11示意了四极杆在不同电压参数下依次分析四个不同 m/z 值的离子的方式，每个离子分配一定时间（Dwell Time）。扫描四个离子的时间加上电压转换的时间即为一个循环时间（Cycle Time），形成一个色谱峰的数据点。图6-12介绍了从质谱采集的信号到色谱图的过程。根据色谱峰宽时间和循环时间即可计算每个色谱峰能够包含的数据点数。为尽量保证定量的准确性，通常要求一个色谱峰有12~20个数据点较为合理。通常控制软件给出总离子流色谱图（TIC），是所有离子丰度的加和。从TIC可以提取出每个监测离子的色谱图即提取离子流色谱图（EIC），图中显示了其中 $m/z1$ 和 $m/z4$ 两个子离子的EIC图。药物残留检测方法采用的是多反应监测模式，一般监测母离子的两个子离子，即定性离子和定量离子。将定性离子和定量离子的EIC色谱图提取出来积分峰面积即可对化合物计算离子丰度比进行定性，根据定量离子峰面积进行定量。

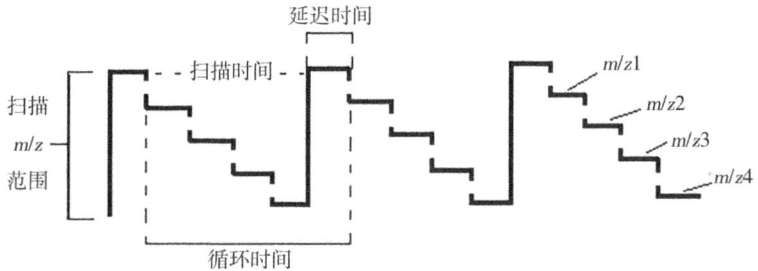

图 6-11 质谱四极杆离子扫描行为

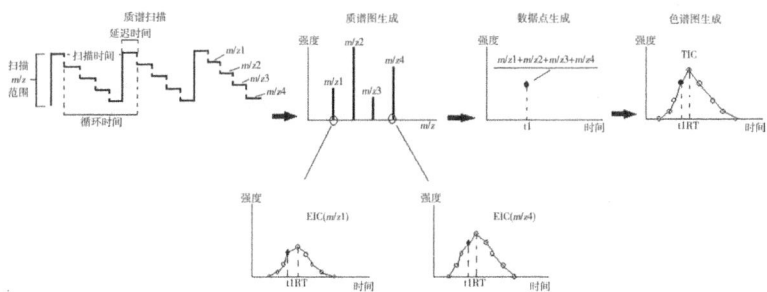

图 6-12 从质谱信号到色谱图（多反应监测）

二、液相色谱串联四极杆质谱法定性

（一）色谱保留时间

通过比较待测成分与已知标准品的保留时间是否一致，可以判断两者是否为同一化合物，这与一般色谱保留时间定性的要求相同。通常要求保留时间相对偏差不超过 2.5%。

（二）特征离子

质谱检测器测定的是化合物的离子及其碎片离子的信息。对于 LC-MSMS 而言，检测标准通常要求目标化合物的定性信息包含一个母离子和两个子离子的检出信息,并且要求两个子离子的丰度比与标准物质接近。丰度表现为响应值,丰度比以定性离子色谱峰面积对定量离子色谱峰面积的比值计算,结果为百分数。根据欧盟 2002/657/EC 的规定,一个特征离子代表一定的定性鉴别点数(识别点数),不同类型的质谱要求有不同的定性总识别点数值。对于低分辨质谱(如四极杆质谱)LC-MS/MS 而言,一个母离子的识别点数为 1.0,一个子离子 1.5,分析物的确认最少需要 4 个识别点数,即 1 个母离子和 2 个子离子,这也是检测标准中采用的识别点数(表 6–1,表 6–2)。

表 6–1 不同质量分辨率质谱监测离子的定性识别点数(欧盟 2002/657/EC 规定)

质谱仪及离子类型	每个离子的识别点数值
单级低分辨质谱前体离子	1.0
串级低分辨质谱前体离子	1.0
串级低分辨质谱碎片离子	1.5
单级高分辨质谱前体离子	2.0
串级高分辨质谱前体离子	2.0
串级高分辨质谱碎片离子	2.5

表 6–2 不同质谱仪定性要求的离子识别点数(欧盟 2002/657/EC 规定)

质谱仪类型	离子类型	总识别点数
GC–MS(EI 或 CI 源)	N	n
GC–MS(EI 加 CI 源)	2(EI)+2(CI)	4.0
GC–MS(EI 或 CI 源)	2(衍生物 A)+2(衍生物 B)	1.5
LC–MS	N	n
GC–MS–MS	1 个前体离子 +2 个碎片离子	4.0

续表

质谱仪类型	离子类型	总识别点数
LC–MS–MS	1 个前体离子 +2 个碎片离子	4.0
GC–MS–MS	2 个前体离子及各自 1 个碎片离子	5.0
LC–MS–MSLC–MS–MS	2 个前体离子及各自 1 个碎片离子	5.0
LC–MS–MS–MS	1 个前体离子 +1 个碎片离子 +2 个次级碎片离子	
HRMS	N	2n
GC–MS+LC–MS	2+2	4.0
GC–MS+HRMS	2+1	4.0

（三）离子丰度比

在检测离子的识别点数满足要求后，还需要比较子离子间的相对丰度（离子丰度比），并与标准样品比较其一致性，可以进一步提高定性的准确性和可靠性。通常要求用定性离子的响应值（色谱峰面积）与定量离子响应值的比值（百分数）作为定性的另一条件，称为离子丰度比。样品中化合物的离子丰度比与标准物质的离子丰度比之间的偏差有标准要求，离子丰度比高则最大允许偏差小，反之亦然。分析物与标准样相比，离子丰度比值的大小与允许的偏差程度见表 6–3。

表 6–3　定性测定离子丰度比的最大允许偏差

相对离子丰度（%）	>50	20～50	10～20	≤10
允许相对偏差（%）	±20	±25	±30	±50

通常以 2 个子离子中响应较低的子离子为定性离子，响应较强的子离子为定量离子。离子丰度比通常采用定性离子响应

值与定量离子响应值的比值乘 100%。离子丰度比虽是量化的数值，但由于质谱检测器稳定性不足，这个数值的精密度相对宽松。样品与标样的离子丰度比越接近定性越可靠，检测标准中均规定了二者最大允许偏差，超出其范围则不能准确定性。

三、液相色谱串联四极杆质谱法定量

了解液相色谱–串联四极杆质谱法的色谱图后，即可根据化合物定量离子色谱峰的积分面积进行定量。峰面积与化合物的量成线性关系，根据标准样定量离子峰面积计算样品中化合物的量。LC–MS/MS 法的校正定量分析方法的计算与一般 LC 法相同。

药物残留检测中采用液相色谱串联四极杆质谱法时，应注意其定量受到的影响因素、影响方式与一般液相色谱法有明显不同。对于前处理步骤的回收率而言两种方法基本相同，但 LC–MS/MS 法采用质谱检测器，受基质效应的影响较大。基质效应与样品溶液中的组成成分有关，检测信号可能受到待测化合物之外的成分（脂类、蛋白等基质成分）干扰和影响。相对于极微量的待测化合物，基质干扰成分含量远高于待测化合物，因此常对目标检测信号造成严重的基质效应。另外，为尽量降低基质干扰成分的含量，待测化合物的量难免有损失，回收率往往偏低。因此，以 LC–MS/MS 法定量时，通常采用一定的定量校正方法。同样也有外标法、内标法等定量分析方法。外标法的原理与方法与第五章中液相色谱法所述相同，但内标法有所不同。区别主要是液相色谱法选用的内标物质必须与分析物在色谱图上有严格的分离度，因此不能使用同位素标记物；LC–MS/MS 则由于信号采集模式（离子 m/z 差异）的不同，保留时间相同的同位素标记物却是最理想的内标。对于 LC–MS/

MS，因为质谱检测器相较于其他检测器，响应稳定性（离子化、雾化、碰撞气等的重现性）相对不足，而内标法是最可靠的定量校正方法。

LC-MS/MS 法选择的内标化合物有结构类似物、同系物及稳定同位素标记的待测化合物。由于基质效应的显著影响，LC-MS/MS 法的内标物还应尽可能具有与待测化合物相同的基质效应（主要是离子化效率），使基质效应得到校正，所以理想的内标化合物应是稳定同位素标记的内标（Stable Isotope-Labeled Internal Standard，SIL-IS）。SIL-IS 与待测化合物的色谱与行为即保留时间一致，因为共流出物基质相同，可以校正基质效应。采用稳定同位素标记内标的校正方法是 LC-MS/MS 法的"金标准"。常用于标记的稳定同位素有 ^2H（氘）、^{13}C、^{15}N、^{18}O 等。^{13}C、^{15}N、^{18}O 标记性能优于 ^2H 标记的内标化合物（氘代效应），但价格更为昂贵。^2H 标记内标价格相对便宜且商品化品种更多，是最多采用的同位素标记内标。选择氘代内标时，应注意氘原子的取代位置，选择取代稳定官能团的位置，避免样品制备过程中的氘氢交换。为降低同位素干扰，同位素内标的质量单位应至少比未标记的分析物高出 4~5，在选择子离子时确保与待测化合物质量数的差异。

第四节　液相色谱串联四极杆质谱仪的操作使用

一、液相色谱串联四极杆质谱仪的开机与关机

液相色谱串联四极杆质谱仪是较贵重的大型检测设备，也

是检测痕量物质的很精密的仪器，对电、气和环境条件的要求较为严苛，这些条件均会对检测结果产生严重影响甚至导致检测失败，某些情况下也可能造成仪器的损坏。应按照仪器使用说明操作仪器，以保障仪器的正常运行。

（一）仪器开机

1. 开机前准备

（1）电源

质谱通过在四极杆电极施加极性相反的直流电压和射频电压形成筛选离子的电场。质谱仪作为精密的科研仪器，对电源的稳定性和电压的准确性有着很高的要求。电压高达数千至上万伏。电源系统应满足功率足够及输出稳定的基本要求。电源的稳定性对于质谱数据的质量至关重要，而电压不稳影响仪器的性能和数据的准确性。电源纹波、响应速度以及过载保护能力都是评价电源性能的重要指标。质谱仪电源应当具备低噪声、高稳定性和良好的动态响应特性，以确保在各种实验条件下都能为质谱仪提供稳定无干扰的电力支持。质谱突然断电可能导致分子涡轮泵、电子元件及真空腔气密性等损坏，导致系统的稳定性及检测灵敏度受到影响，可能导致高昂的维修成本。质谱必须配备有稳压功能的不间断供电系统（UPS电源），确保在供电中断时质谱仪能够继续正常运行，给操作人员及时按正常步骤关闭质谱留够充足的时间。此外，质谱应有接地保护，电阻值及零地电压满足仪器安装说明要求。

（2）气体

配置电喷雾离子源的串接四极杆质谱，在样品的雾化离子化步骤需要惰性气体（通常为氮气）作为加热雾化、吹扫除杂的气体，在碰撞打碎前体离子的步骤需要与离子碰撞的惰性气体（氩气或氮气）。气体要求一是纯度足够高，作为雾化气、锥孔气的氮气的纯度不低于99.9%；作为碰撞气的氩气或氮气纯度不低于99.99%。二是流量足够，碰撞气用量极小，但离子源气体用量很大。如使用氮气发生器，应确保其氮气的纯度和压力足以满足仪器的需要。气体的纯度、流量及稳定性是影响检测结果的重要因素。离子源消耗氮气量较大，可采用氮气发生器供气，但应确保氮气纯度及气流量满足使用需要。碰撞气体用量极小，要求气瓶必须有减压阀稳定控制流量。

（3）环境条件

温度可导致质量分析器形变，从而影响其质量准确度及灵敏度，必须按规范要求及仪器说明严格控制仪器室温度。湿度不宜过高，以免电路组件受潮。液相色谱串联四极质谱仪性能的测定方法（GB/T 35410—2017）要求控制室温范围为15～30℃，湿度低于75%，其他标准规定略有不同，合理的做法是按照仪器说明中的要求控制温湿度。温度的稳定性尤为重要，温度波动幅度小于1℃/h为佳。如波动过大，可能造成质量轴偏离，检测的灵敏度及重现性差。因此仪器场地应有较好的封闭性，配备性能足够的空调设备和除湿设备，并由温湿度计实时监控。环境不应有强烈震动或强电磁场干扰，以免对仪器造成扰动。减小环境灰尘影响。环境条件异常对检测结果可能造成严重影响。

（4）真空度

四极杆质谱真空度一般要求在10^{-6}Pa以下，真空度越高，四极杆的精度和准确性就越高。控制软件可以控制内设的真空柜随时监测质量分析器内各区域的真空度，如低于要求，应检查外设机械真空泵、分子涡轮泵是否有故障。

2. 开机

液相色谱部分、色谱质谱接口部分、质谱部分、控制部分

（计算机及软件）组成，通过 modem 和网线与液相、质谱内置的 CPU 连接实现各部分之间的通信和控制。各部分均有独立的开启开关，但在次序上有相应要求。硬件部分的启动有预热和自检过程，通信联接需要一定的反应时间。开机顺序通常是先打开电脑，然后打开液相色谱，再打开质谱电源，电脑检查仪器地址建立通信。通信正常后，打开控制软件，启动质谱抽真空功能。抽真空通常需要 24h 左右，直至真空度满足要求，即可进行开机后的仪器操作运行。

（二）仪器的待机/关机

关机是指彻底关闭仪器电源。如果不是数月以上的长时期不运行或者维修维护的需要，质谱仪不宜频繁开关机，可将仪器设置为随时可启用运行的待机状态（Standby）。频繁开关机一是不利于保持仪器的稳定状态，也增加了调谐与校准的工作量；二是可能造成仪器的硬件的磨损加重及污染等影响。

1. 待机/关机前操作

待机或关机应确保色谱与质谱部分均得到有效而安全的处理。

（1）液相色谱部分

样品色谱分析后，流动相中的添加成分（如甲酸、甲酸铵等）不宜长时间留在色谱柱里，部分基质成分可能残留于色谱填料，也应分别以水、甲醇或乙腈等充分冲洗，并最终过渡到纯甲醇或乙腈。如需要关机，应将色谱柱从色谱仪上取下封闭后保存。关机前应依次用水、甲醇充分灌注冲洗，最后使管路中充满甲醇。完成色谱柱冲洗和管路灌注后，将流动相流速设为 0，取消柱温、柱温箱的温度控制，液相部分即处于待机状态。

（2）质谱仪部分

待机：仪器在检测运行后若需转至待机状态，首先应注意的是，避免因为停止雾化离子化功能（离子源高电压、雾化气）而造成流动相继续流入离子源，造成离子源的损坏。安全的做法是先关闭流动相流速，再关闭离子源电压、碰撞气，待离子源雾化气温度降至100℃以下后，最后关闭雾化气。

关机：先将仪器调至待机状态，再进行卸真空操作，约20min后，真空泵转速显示为0（有的仪器为2）时，方可关闭质谱电源。关闭质谱后，关闭离子源与质量分析器之间的隔离阀，离子源门保持关闭状态，避免灰尘等污染物进入。碰撞气钢瓶阀门建议不关闭，保持一定的正压，也起到阻止污染物进入的作用。

2. 关机

在色谱和质谱均处于待机状态后，关机步骤的顺序是，先关闭质谱电源，再关闭色谱仪电源，最后关闭电脑。

（三）仪器使用前准备

液相色谱串联四极杆质谱系统在开机正常后，只是完成了初始的状态，质谱检测器尚未建立与质荷比之间的准确测量关系，仪器响应的灵敏度、分辨率等性能尚未得到优化。在投入正常检测运行之前，首先必须完成质量轴校准、调谐两个步骤。

校准的目的是将校准标准物质输入质谱检测器，通过调校质量分析器的参数使四极杆能准确验证正确的质荷比，即能正确测定质荷比。调谐的目的是通过调校离子源、质量分析器及离子检测器等的参数，使质谱检测器的灵敏度、质量分辨率及稳定性等效能达到最佳状态。通常先校准质量轴再调谐。

二、检测前仪器准备

（一）仪器的预热

液相色谱串联四极杆质谱仪需要电力、气体、温度及仪器硬件等整个系统处于稳定状态下才能正常工作。日常检测前仪器通常处于待机状态，在转换为工作状态时，启动输入气体、加热离子源原件、加载高电压等动作，色谱柱温、样品室温度达到设定值也需要稳定的过程。因此，在开启检测之前应给予仪器系统一定的预热时间，观察各参数值均达设定值且稳定后再开始进样检测。如发现检测信号波动明显，表明仪器预热时间不足，仪器尚未达到良好的检测准备状态。

（二）色谱系统的平衡

色谱开始加载流速后，由于色谱柱内的流动相比例改变，柱压处于不稳定状态，此时进样则色谱保留行为异常。应在恒定流速运行至少20min，待柱压基本没有波动后再开始色谱进样检测。

第五节　液相色谱串联四极杆质谱法的方法建立与优化

复杂基质样品中痕量化合物的检测（如畜禽产品药物残留检测），检测的灵敏度（检测限、定量限、准确度和精密度等）性能受到从样品溶液制备、前处理（提取、净化、浓缩及过滤等）等样品组成的影响，也受到色谱分离效果、检测仪器状态、检测仪器的要求等仪器条件的影响。对于液相色谱串联四极杆质谱法测定药物残留，影响检测性能的因素贯穿整个检测过程，所有环节均应受到严格规范的控制，尤其应注意前处理方法、色谱条件与质谱检测器条件三者之间的统筹优化。

一、仪器方法建立

（一）方法转换

如果有检测标准方法或者文献方法可以参考，可再现有方法基础上调整转换成适合本实验室的仪器方法。色谱方法建立时，如果色谱柱规格与现有方法不同，应注意色谱流速与流动相梯度时间的合理调整，获得优化的色谱分离性能，可参照第五章的转换方法。可根据色谱柱柱效原理及色谱系统压力的要求进行调整转换，也可根据色谱方法转换工具软件转换。转换后的方法应有满足需要的分离效果，并结合质谱检测灵敏度的需要继续优化。

质谱方法建立时应注意，原始文献中的化合物 m/z 值可能是平均分子量，直接设置为质谱检测的离子 m/z 值是错误的，应以化合物的单同位素质量数为准确质量数。另外，不同型号的质谱仪，离子源及质量分析器参数（锥孔电压、碰撞能量等）的大小强弱量度不同，不能直接从文献中直接照搬，而应在本实验室仪器中优化设置合适的参数值。

（二）新方法建立

对于没有可参考文献方法的情况，应首先查询化合物的分子结构、准确分子量以及疏水性、溶解性、稳定性等基本物理化学性质，这是新方法开发的知识基础。根据分子的结构确定质谱检测离子监测参数条件。由分子结构判断是否含有可解离的结构，确定离子源可能形成的母离子及质谱检测的离子模式（正离子模式或负离子模式）。对于含氮化合物而言，通常可以吸附 H^+、Na^+、K^+ 等而成为正离子。对于含羧基的化合物则可能解离形成脱 H^+ 的负离子。没有可解离结构的化合物可能吸附甲酸根等阴离子形成负离子。目前质谱仪均具有手动及自动建立质谱方法的功能。手动模式较为耗时，但寻找确定子离子和参数值更为精准；自动模式简便快捷，但获得参数值并非最优，需要以此为基础进一步优化。建立质谱方法所用的标准溶液浓度通常在 200μg/L 左右即可，不宜过高，以免造成质谱交叉污染。

在质谱方法建立的基础上建立色谱方法。一般情况下，基于质谱检测原理，对于 LC-MSMS 方法而言分离度不需要很严格的要求。对于方法中有数十种以上化合物的情况，仍尽可能获得较好的分离度，避免采集数据时各化合物之间的相互影响。在获知全部化合物保留时间后，应根据保留时间将质谱采集时间分段，分配每一离子合理的质谱采集时间，有利于提高质谱数据采集的质量，获得更好的准确性与重现性。另外，应注意基质效应的影响。用空白基质液匹配标准物质判断强基质效应时间段，优化色谱条件使化合物避开此时间段。

二、仪器方法优化要点

（一）样品溶液

经过前处理得到的样品溶液的组成成分以及比例是主要的影响因素，主要应遵循以下原则。

1. 样品溶液中待测化合物有足够浓度

检测标准选择后，应严格规范操作，确保回收率达到检测标准的要求。在实际操作中可能由于操作失误或条件的异常导致待测化合物的损失，造成准确度低于标准要求，灵敏度及精密度也可能受到影响。导致这一结果的原因较多，需要在人员操作过程的每一步仔细观察是否有反常现象发生。一是溶液加入及溶液转移是否有可观察的体积误差发生；二是提取萃取的时间和强度是否充分；三是注意避免乳化现象的发生，乳化导致萃取分层失败及待测化合物损失；四是样品复溶液对待测化合物应有足够的溶解能力，这与有机试剂比例有关；五是浓缩强度不应过强，如氮气吹干、旋转蒸发的时间、温度及速度应加以控制，避免药物降解和挥发；六是注意复溶液中不应有破坏药物稳定性的成分，如酸碱性对四环素类药物的破坏；七是滤膜选择是否正确，应避免因吸附造成药物损失。

2. 干扰检测的基质成分尽量降低

内源性的脂类、蛋白质、小分子酸碱和无机盐对分析物的检测干扰较大，在前处理过程中应尽量去除。外源性的表面活性剂类物质（如十二烷基苯磺酸钠）、离子对试剂（如七氟丁酸酐）以及磷酸盐、三乙胺、三氟乙酸等，造成分析物离子化效率抑制及离子源顽固性污染等后果，样品中应避免该类物质的存在。实验所用试剂瓶、移液管、容量瓶及样品瓶等应避免用表面活性剂洗涤。

3. 样品溶液中合理的有机相比例

首先，有机相比例影响分析物和基质成分的溶解，因而影响基质效应的大小。其次，有机相的比例影响色谱分离的效果，保留时间、色谱峰峰形优劣均可有较大影响。最后，对雾化效率也有影响。一般原则是有机相比例保持与液相的初始流动相比例一致。合理的有机相比例可以提高检测灵敏度和精密度。

4. 样品溶液中添加剂的使用

为促进样品中分析物的离子化效率以及色谱分离的效果，提高检测灵敏度等性能，样品溶液中可加入少量色谱纯的甲酸、乙酸、氨水等挥发性弱酸弱碱，浓度应在 0.1% 左右（体积比），可促进正离子模式（甲酸、乙酸）和负离子模式（氨水）下的离子化效率。有时可加入少量挥发性色谱纯有机盐（甲酸铵、乙酸铵），浓度低于 10mmol/L，可改善色谱峰峰形。

（二）色谱条件

色谱条件对 LC-MS/MS 法检测的性能有重要影响。除了色谱柱性能、进样系统运行状态及柱温等的要求与一般液相色谱法相同外，还要考虑质谱检测器的特殊要求。一是注意色谱分离与基质效应之间的关系。基质中的干扰成分可能与分析物同一时刻共流出进入离子源，造成基质效应。多个分析物之间的分离效果容易观察，而共流出的干扰成分可以通过基质加标或柱后进样加以判断。通过优化液相洗脱程序，尽量使分析物避开强干扰成分的流出时间。二是考虑质谱采集速度的要求。液相色谱的流速和梯度影响色谱峰的质量，对雾化效率也有影响。应根据色谱柱的规格设定合理的流速与梯度，使色谱分离和响应强度得到优化提升。

流动相的种类与组成影响色谱分离效果和雾化离子化效率。与样品溶液一样，可加入少量弱酸碱以及挥发性有机盐，改善色谱分离效果，提高响应强度。在使用弱酸碱时应在两流动相中同时加入，以确保色谱峰分离效果。

（三）离子源参数

离子源内是使色谱分离流入的样品雾化和离子化的场所，其参数应针对样品的组成和色谱条件优化设置。源温度及雾化气温度影响样品的雾化效率，通常样品含水量高、液相流速高则温度设置较高。雾化气及反吹气流量的设置与基质含量、液相流速、样品含水量等有关。锥孔电压与离子 m/z 大小有一定关系。毛细管电压促进化合物离子化和雾化速度，但过高容易引起源内电晕放电，尤其是负离子模式下毛细管电压要注意避免放电，以免造成离子流不稳定和灵敏度下降。上述参数设置尤其是毛细管电压、锥孔电压、源温及气体温度过强，可能导致化合物发生源内裂解，检测灵敏度下降，应引起注意。不同品牌及型号的仪器，各参数及名称可能不同，参数值应根据仪器的具体说明设置。

（四）离子检测参数

离子从离子源进入四极杆质量分析器后，根据离子的 m/z 设置对应电压值形成选择电场，实现对离子的监测。对多反应监测模式而言，质谱给每个监测离子分配监测时间，完成一个循环的时间的长短决定了一个色谱峰所能包含的数据点数。通常在质谱方法中可以通过设置驻留时间（Dwell Time）实现一定的数据点数。化合物的 m/z 越大，一般锥孔电压也越高。碰撞能量的大小决定了母离子被打碎的程度。通常分子量大的化合物、产生 m/z 较大的碎片离子，需要更大的碰撞能量，但也与被打断的键能大小有关。

（五）仪器性能状态

仪器性能状态随着使用程度、污染及环境变化等因素的影响而可发生变化，因此在使用前必须通过相应的措施对仪器性能是否满足检测要求做出判断。LC-MS/MS 状态的检查包括日常使用过程中的检查和质量规范要求的量值溯源性的检定或校准。首先应确保仪器在检定或校准有效期内方可使用并出具检测结果。其次，在日常使用时应确保及时地维护保养，并按期用标准物质进行期间核查，检查灵敏度、精确度及质量轴等各指标是否满足检测需要。注意仪器所处环境的温度控制是否满足要求，是否有断电停机等异常情况，在这些异常情况下均应核查仪器的状态，验证性能是否发生改变。如出现信号强度显著降低、稳定性变差等情况，应进行质量轴校准、调谐，使质谱检测器性能达到最佳状态。

第六节　仪器的实验室维护和使用注意事项

液相色谱串联四极杆质谱仪是灵敏精密的大型仪器，使用过程中仪器元件逐渐受到机械损耗、老化和污染，机械真空泵、气体发生器、电源及空调等附属设备的状态也直接影响到检测结果，需要仪器保管人员勤于观察，按照维护保养操作程序文件定期维护整个系统的各个部分，或由专业技术人员完成维护，确保仪器的正常使用。要保证其长期处于最佳运行状态，延长仪器使用寿命，就必须制订科学合理的维护计划，加强其日常维护和管理。

一、仪器的实验室维护

（一）液相系统

液相系统作为质谱的进样系统，考虑到与质谱的匹配性，一般都使用较短的色谱柱和较低的流速，以便进入离子源的样品能进行更好的电离。液相色谱与质谱相联时，对流动相也有特殊要求：严禁使用不挥发性的磷酸盐、硼酸盐等；禁止使用会抑制离子化过程的表面活性剂、清洁剂和离子对试剂等；盐酸、硫酸等无机酸也不能使用。

另外，在处理兽药残留等基质复杂生物样品时，液相色谱柱或质谱毛细管很容易堵塞，因此，要经常检查液相部分的在线过滤器、单向阀和保护预柱，及时取下用超声清洗或更换。

（二）真空系统

高真空系统对于质谱仪来说至关重要，如果达不到高真空度，仪器将无法正常运作。质谱采用两级抽气结构，前级为机械泵，后级为分子涡轮泵。工作时先由前级泵将真空腔内的压强降低几个数量级，再由后级泵降至工作所需压强。如使用油泵，日常维护时要对机械泵的滤网与泵油进行定期观察与更换。泵油变色应更换新油，泵的油面不低于规定刻度线。油泵长期运行每周需振气一次，使油内的杂物排出。如为无油泵，应按规定和使用频率及时更换泵内的石墨片，一般1年左右更换一次。

（三）离子源

对质谱仪正常运行影响较大而又常需要进行维护与管理的部件是其高真空系统和离子源部分。

1. 毛细管喷针

离子源探头中不锈钢样品毛细管末端出现阻塞、划痕或遭到损坏导致喷雾异常，或者经过大量较脏的样品进样导致噪声明显难以消除时，需及时更换，通常毛细管不易清洗。

2. 一级、二级锥孔

如发现采样锥孔明显变脏或仪器灵敏度下降，应及时拆卸下采样锥孔进行清洗。先确保高电压关闭，待离子源温度降至室温，关闭真空隔离阀后取出锥孔，滴甲酸数滴，浸润数分钟，在甲醇：水（50:50）中超声清洗 20min，再用纯甲醇超声清洗，彻底晾干后安装复位。如果清洗后仍不能改善信号强度，而又排除了液相部分或样品有关的因素时，需要关机卸真空，拆下萃取锥孔（二级锥孔）整个离子座和六极器进行清洗，如不具备清洗条件，可由厂家工程师维护。

（四）质量分析器

当由于仪器开关或环境条件改变导致质量数出现偏差，或仪器灵敏度明显下降，需要定期对仪器进行质量校正。质量校正常采用 NaICs、PEG 等物质进行，质量校正时要求对 MS1 和 MS2 进行 3 次校正，得出静态、扫描和扫描速度补偿最多共 6 条校正曲线。如使用较久质量分析器也会有污染，严重时导致检测响应信号异常，需要卸真空彻底清洗四极杆及碰撞室等部件，通常应由专业工程师操作。

（五）检测器、数据采集系统

离子检测器由光电倍增器组成，允许大量样品长期分析使用，通常保证有 10 年以上的使用寿命，因此，检测器一般不用太多的维护即可保证其正常工作。内嵌式计算机采集通信系统进行整体数据采集和动态仪器控制，操作过程中如果出现死机等与质谱通信有关的问题，可退出软件，重新进入工作站或按照仪器使用说明的方法进行热启动，仪器自动进行重新通信连接而无须关机。但按热启动键的时间不可太长，否则仪器会自动卸掉真空。通常禁止使用未经彻底杀毒处理的移动存储设备在电脑上使用，以免损坏操作系统和仪器控制软件。

（六）辅助条件

1. 载气与碰撞气

离子源要实现大气压下电离要采用高纯氮气对样品进行雾化和脱溶剂，实现液态到气态的转化，另外在采样锥孔处装有低气速的氮气反吹气，可以对采集离子起到净化作用，并可降低源内簇离子的形成几率。实际工作中获得高纯度氮气的途径有使用大体积液氮罐储存和氮气自动发生器两种，但必须确保氮气的压力和纯度达到要求。质谱碰撞室内一般都使用高纯氩气来满足仪器需要（有的使用氮气），通常使用钢瓶供气，注意检查钢瓶气压表，确保无漏气以及压力不稳等异常。载气和碰撞气的纯度分别要在99%和99.9%以上，而且都要用减压阀控制，使用时不要反复开关减压阀或大幅度调节压力。

2. 供电系统

断电对质谱仪的损害严重，分子涡轮泵及电路板可能损坏。因此，为了防止意外断电或反复的断电来电对仪器造成损害，有条件的情况下可考虑配置不间断电源系统（UPS），保证断电后持续用正常供电值守1h以上，确保有足够时间正常关机。应观察测试UPS电源的状态是否稳定，及时更换电池组，确保仪器用电安全。

3. 温湿度控制系统

温度影响质谱检测器的质量轴。温度过高时仪器可能自动卸真空。湿度过高可能在仪器元件上形成凝露，造成元件或电路损坏。仪器室应具备温度湿度控制设备及温湿度计，操作人员应每日观察温湿度是否在正常的允许范围内。

二、液相色谱串联质谱仪使用注意事项

质谱设备与一般液相色谱仪的使用注意事项的要求相比有其特殊性，主要体现在污染物耐受性、安全（仪器与人员）等方面，在使用过程中应引起注意。

（一）进入质谱的物质

质谱检测器检测原理是施加电压下形成精密准确的电场，由样品及流动相引入的物质成分可在组件上形成污染积聚，有时是顽固性污染难以清洗，严重影响检测器的性能。尽管仪器设计上采取了各种抗污染的方法，仍应在样品、溶剂和添加剂使用时注意避免一些化合物的使用。

1. 流动相

推荐使用的溶剂有乙腈、甲醇、异丙醇及二氯甲烷。通常甲醇和乙腈性能最优，可很好满足检测需要。二氯甲烷有一定毒性，不利于化合物离子化。异丙醇黏度较大，作为流动相稳定性较低。不推荐使用的溶剂有四氢呋喃，四氢呋喃具有较高的挥发性，在高温或真空条件下容易挥发并进入质谱仪的离子源区域，在某些情况下，可与peek管及质谱仪的某些部件或材料发生相互作用，产生化学或物理变化，导致基线异常及密封性受损。

2. 缓冲液

质谱尽量避免使用盐类。推荐使用低浓度挥发性盐。如有需要应使用挥发性有机盐（如甲酸铵、乙酸铵），且浓度不得高于10mmol/L。不可使用非挥发性盐类（无机盐，如磷酸缓冲液、柠檬酸缓冲液及碳酸盐缓冲液等）。

3. 添加剂

有时为提高离子化效率或调解酸碱度，可在流动相中加入色谱纯以上的少量甲酸、乙酸或氨水，浓度通常为 0.1% 左右。不可使用季铵、强碱、三乙胺、磷酸、硫酸及盐酸等。

4. 样品

禁止使用表面活性剂、离子对试剂等物质，包括试剂瓶、样品瓶等的洗涤也应避免该类物质的引入。

（二）安全操作

使用质谱仪时，应注意电、高温及环境安全，严格遵守安全操作规程，确保实验人员和设备的安全性。

1. 人员安全

（1）用电安全

质谱检测器在工作时内部电压高达数千伏至数万伏，在关闭离子源高电压之前禁止打开离子源门操作，以免发生人员触电事故。

（2）高温安全

离子源在工作时温度通常在 100℃ 以上，脱溶剂气温度高达数百度，操作人员打开离子源进行维护操作前应使仪器处于待机状态，待温度降低至室温时再行操作，以免烫伤。必须佩戴无粉手套。

2. 设备安全

（1）电源

确保 UPS 电源供电状态正常，能满足断电保护要求，避免因断电导致质谱损坏。

（2）环境

仪器待机及运行状态下，确保室内温度控制稳定。仪器系统功率较高，机械泵及氮气发生器产热多，如控温失灵将导致长时间温度过高，对各设备及电路均可能造成安全威胁。湿度不应过高（相对湿度应低于80%），避免设备受潮损坏部件及电路。应尽量保持低尘环境，及时清理滤网以促进设备散热。防止强电磁场干扰，防止对设备的强烈冲击。

（3）其他

在未开启高温雾化气时，禁止开启流动相流速，避免未气化的流动相淹没离子源腔造成损坏。采集工作结束后，应关闭流动相流速后再关闭离子源的电、气体等参数。

参考文献

陈耀祖，2004. 有机质谱原理及应用［M］. 北京：科学出版社.

李文魁，张杰，谢励诚，2017. 液相色谱–质谱（LC-MS）生物分析手册：最佳实践、实验方案及相关法规［M］. 北京：科学出版社.

台湾质谱学会，2019. 质谱分析技术原理与应用［M］. 北京：科学出版社.

向平，沈敏，卓先义，2009. 液相色谱质谱联用技术在药物和毒物分析中的应用［M］. 上海：上海科学技术出版社.